中华人民共和国

国家计量检定系统表

框图汇编

（2021 年修订版）

中国标准出版社　编

中国质量标准出版传媒有限公司

中 国 标 准 出 版 社

北 京

图书在版编目(CIP)数据

中华人民共和国国家计量检定系统表框图汇编:2021年修订版/中国标准出版社编. —北京:中国质量标准出版传媒有限公司,2021.4

ISBN 978-7-5026-4901-2

Ⅰ.①中… Ⅱ.①中… Ⅲ.①计量仪器—检定—规程—汇编—中国 Ⅳ.①TB9-65

中国版本图书馆 CIP 数据核字(2021)第 033428 号

内 容 提 要

截至 2021 年 3 月,我国发布、实施的国家计量检定系统表共 96 种(现行有效 95 种),通过其中的检定系统表框图,不仅能够查找到计量器具各等级的主要技术指标,还能一目了然地掌握检定系统表的具体运行方式。本书将我国现行有效的 95 种计量检定系统表框图按编号的顺序汇集成册。

本书适合从事计量检定、校准工作的专业技术人员及计量管理人员使用。

中国质量标准出版传媒有限公司
中 国 标 准 出 版 社 出版发行

北京市朝阳区和平里西街甲 2 号(100029)
北京市西城区三里河北街 16 号(100045)
网址 www.spc.net.cn
总编室:(010)68533533 发行中心:(010)51780238
读者服务部:(010)68523946
中国标准出版社秦皇岛印刷厂印刷
各地新华书店经销

*

开本 880×1230 1/16 印张 7.25 字数 158 千字
2021 年 4 月第一版 2021 年 4 月第一次印刷

*

定价 49.00 元

2021 年修订版说明

《中华人民共和国计量法》明确规定："计量检定必须按照国家计量检定系统表进行。"因此，国家计量检定系统表在计量领域占据着重要的法律地位。至今为止，我国发布、实施的各项国家计量检定系统表共有 96 种，编号为 JJG 2001 至 JJG 2096（其中，JJG 2067—1990 与 JJG 2068—1990 共同被 JJG 2067—2016 替代），覆盖了计量检定各个领域，概括了量值传递技术全貌，适合我国国情。计量检定系统表凝聚了我国计量管理经验，反映了我国科学计量和法制计量水平，是我国计量工作者集体智慧的结晶。

国家计量检定系统表中的"检定系统表框图"，由于具有层次分明、流程清晰和指标直观等特点，深受计量工作者的欢迎。为此，我社根据读者的需求，于 2001 年 10 月首次出版了《国家计量检定系统表框图汇编》。编辑过程中，在保证与原始数据一致的前提下，我们力求达到图示方法的统一。例如，连线"十"字交叉处，按国家标准制图方法进行统一，凡是"十"字连线相互连接的，用加"黑点"的方法表示；凡是"十"字连线跨越（不连接）的，则用不加"黑点"的方法表示。另外，有些框图的内容较多，在排版时考虑到比例的协调性，根据其比例进行灵活的版式处理。由于各个专业的国家计量检定系统表会相继修订和完善，为保证《国家计量检定系统表框图汇编》完整和现行有效，我们将根据国家计量检定系统表最新发布的情况，及时更新版本。

本书与《国家计量检定系统表框图汇编（2018 年修订版）》相比，将 JJG 2044—2010 更新为 JJG 2044—2019，将 JJG 2051—1990 更新为 JJG 2051—2021。

随着我国科学技术的迅猛发展，计量技术水平在不断提高。国家计量检定系统表的制定和修订工作仍在继续。在今后几年内，还会有个别新版的国家计量检定系统表发布、实施。请读者注意采用现行有效的版本。

中国标准出版社

2021 年 3 月

目　录

Ⅰ

线纹计量器具检定系统框图

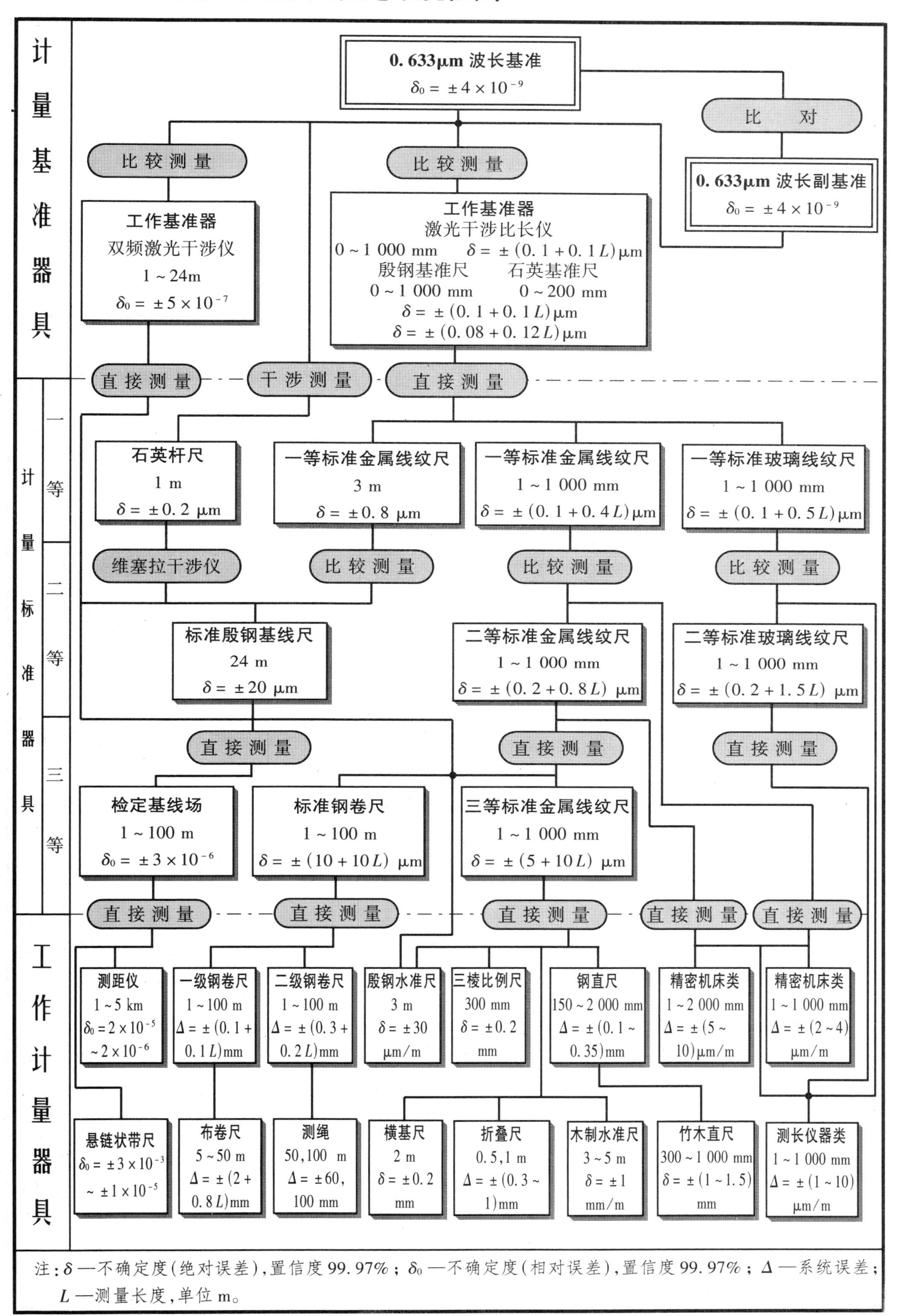

注：δ —不确定度（绝对误差），置信度 99.97%；δ_0 —不确定度（相对误差），置信度 99.97%；Δ —系统误差；L —测量长度，单位 m。

圆锥量规锥度计量器具检定系统框图

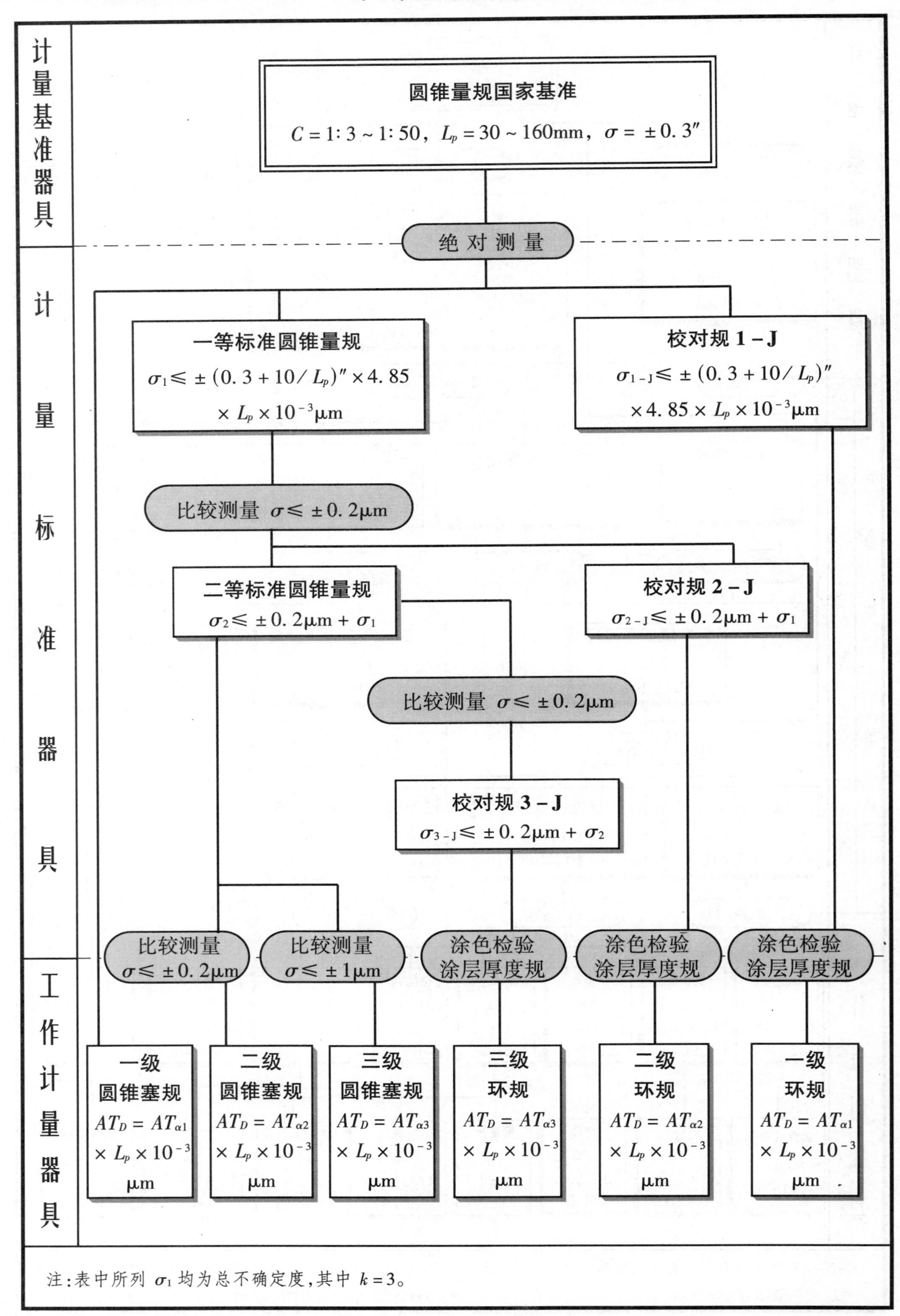

计量基准器具

圆锥量规国家基准

$C = 1:3 \sim 1:50$，$L_p = 30 \sim 160mm$，$\sigma = \pm 0.3''$

绝 对 测 量

计量标准器具

一等标准圆锥量规

$\sigma_1 \leqslant \pm (0.3 + 10/L_p)'' \times 4.85 \times L_p \times 10^{-3} \mu m$

校对规 1 – J

$\sigma_{1-J} \leqslant \pm (0.3 + 10/L_p)'' \times 4.85 \times L_p \times 10^{-3} \mu m$

比较测量 $\sigma \leqslant \pm 0.2 \mu m$

二等标准圆锥量规

$\sigma_2 \leqslant \pm 0.2 \mu m + \sigma_1$

校对规 2 – J

$\sigma_{2-J} \leqslant \pm 0.2 \mu m + \sigma_1$

比较测量 $\sigma \leqslant \pm 0.2 \mu m$

校对规 3 – J

$\sigma_{3-J} \leqslant \pm 0.2 \mu m + \sigma_2$

工作计量器具

比较测量 $\sigma \leqslant \pm 0.2 \mu m$

比较测量 $\sigma \leqslant \pm 1 \mu m$

涂色检验 涂层厚度规

涂色检验 涂层厚度规

涂色检验 涂层厚度规

一级 圆锥塞规

$AT_D = AT_{\alpha 1} \times L_p \times 10^{-3} \mu m$

二级 圆锥塞规

$AT_D = AT_{\alpha 2} \times L_p \times 10^{-3} \mu m$

三级 圆锥塞规

$AT_D = AT_{\alpha 3} \times L_p \times 10^{-3} \mu m$

三级 环规

$AT_D = AT_{\alpha 3} \times L_p \times 10^{-3} \mu m$

二级 环规

$AT_D = AT_{\alpha 2} \times L_p \times 10^{-3} \mu m$

一级 环规

$AT_D = AT_{\alpha 1} \times L_p \times 10^{-3} \mu m$

注：表中所列 σ_1 均为总不确定度，其中 $k = 3$。

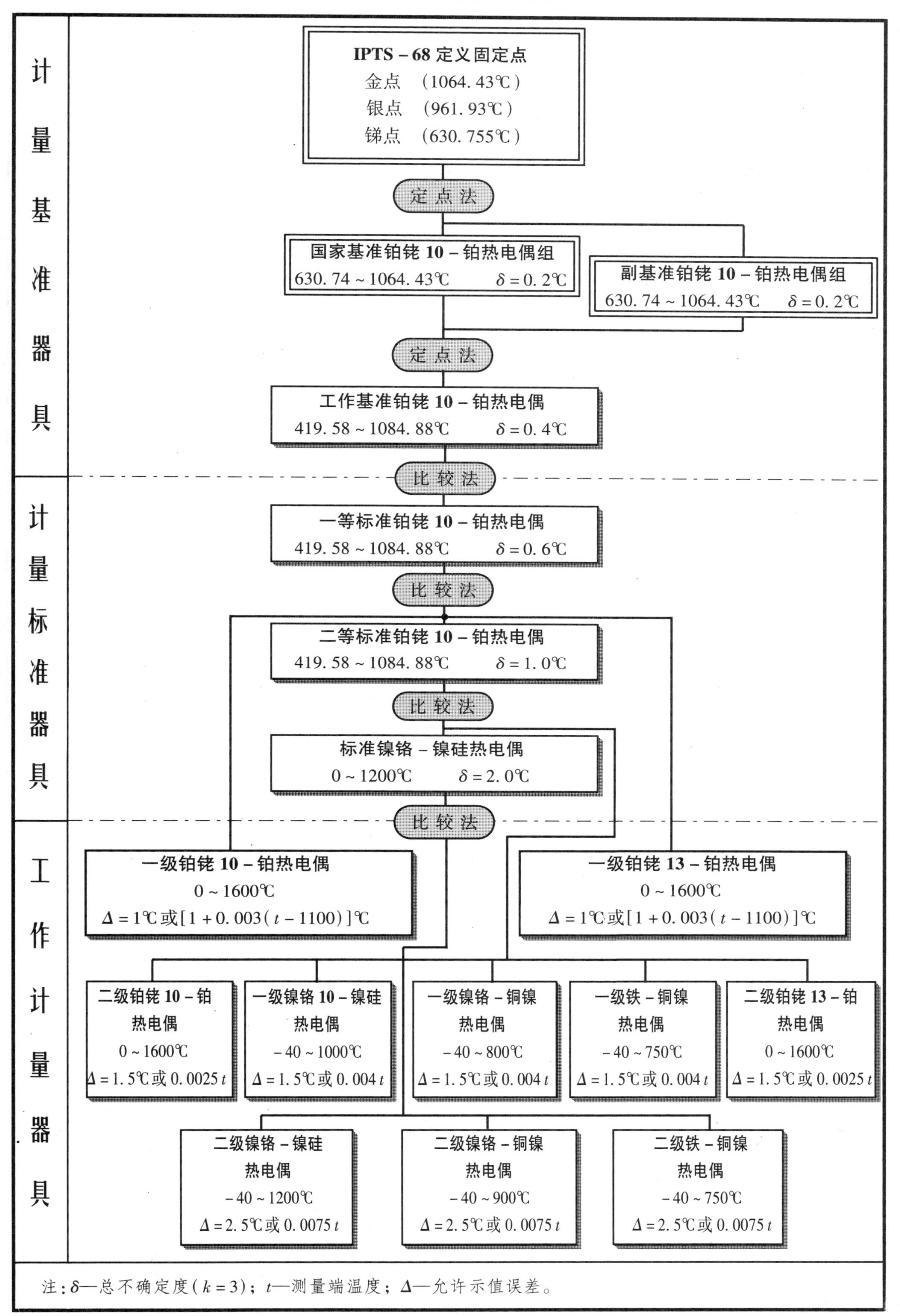

铂铑10－铂热电偶计量器具检定系统框图(1)

计量基准器具

IPTS－68 定义固定点
金点　（1064.43℃）
银点　（961.93℃）
锑点　（630.755℃）

定点法

国家基准铂铑10－铂热电偶组
630.74～1064.43℃　　　　δ = 0.2℃

副基准铂铑10－铂热电偶组
630.74～1064.43℃　　　　δ = 0.2℃

定点法

工作基准铂铑10－铂热电偶
419.58～1084.88℃　　　　δ = 0.4℃

计量标准器具

比较法

一等标准铂铑10－铂热电偶
419.58～1084.88℃　　　　δ = 0.6℃

比较法

二等标准铂铑10－铂热电偶
419.58～1084.88℃　　　　δ = 1.0℃

比较法

标准镍铬－镍硅热电偶
0～1200℃　　　　δ = 2.0℃

工作计量器具

比较法

一级铂铑10－铂热电偶
0～1600℃
$\Delta = 1℃$ 或 $[1 + 0.003(t - 1100)]℃$

一级铂铑13－铂热电偶
0～1600℃
$\Delta = 1℃$ 或 $[1 + 0.003(t - 1100)]℃$

二级铂铑10－铂
热电偶
0～1600℃
$\Delta = 1.5℃$ 或 $0.0025t$

一级镍铬10－镍硅
热电偶
－40～1000℃
$\Delta = 1.5℃$ 或 $0.004t$

一级镍铬－铜镍
热电偶
－40～800℃
$\Delta = 1.5℃$ 或 $0.004t$

一级铁－铜镍
热电偶
－40～750℃
$\Delta = 1.5℃$ 或 $0.004t$

二级铂铑13－铂
热电偶
0～1600℃
$\Delta = 1.5℃$ 或 $0.0025t$

二级镍铬－镍硅
热电偶
－40～1200℃
$\Delta = 2.5℃$ 或 $0.0075t$

二级镍铬－铜镍
热电偶
－40～900℃
$\Delta = 2.5℃$ 或 $0.0075t$

二级铁－铜镍
热电偶
－40～750℃
$\Delta = 2.5℃$ 或 $0.0075t$

注：δ—总不确定度（$k = 3$）；t—测量端温度；Δ—允许示值误差。

3

铂铑30－铂铑6热电偶计量器具检定系统框图(2)

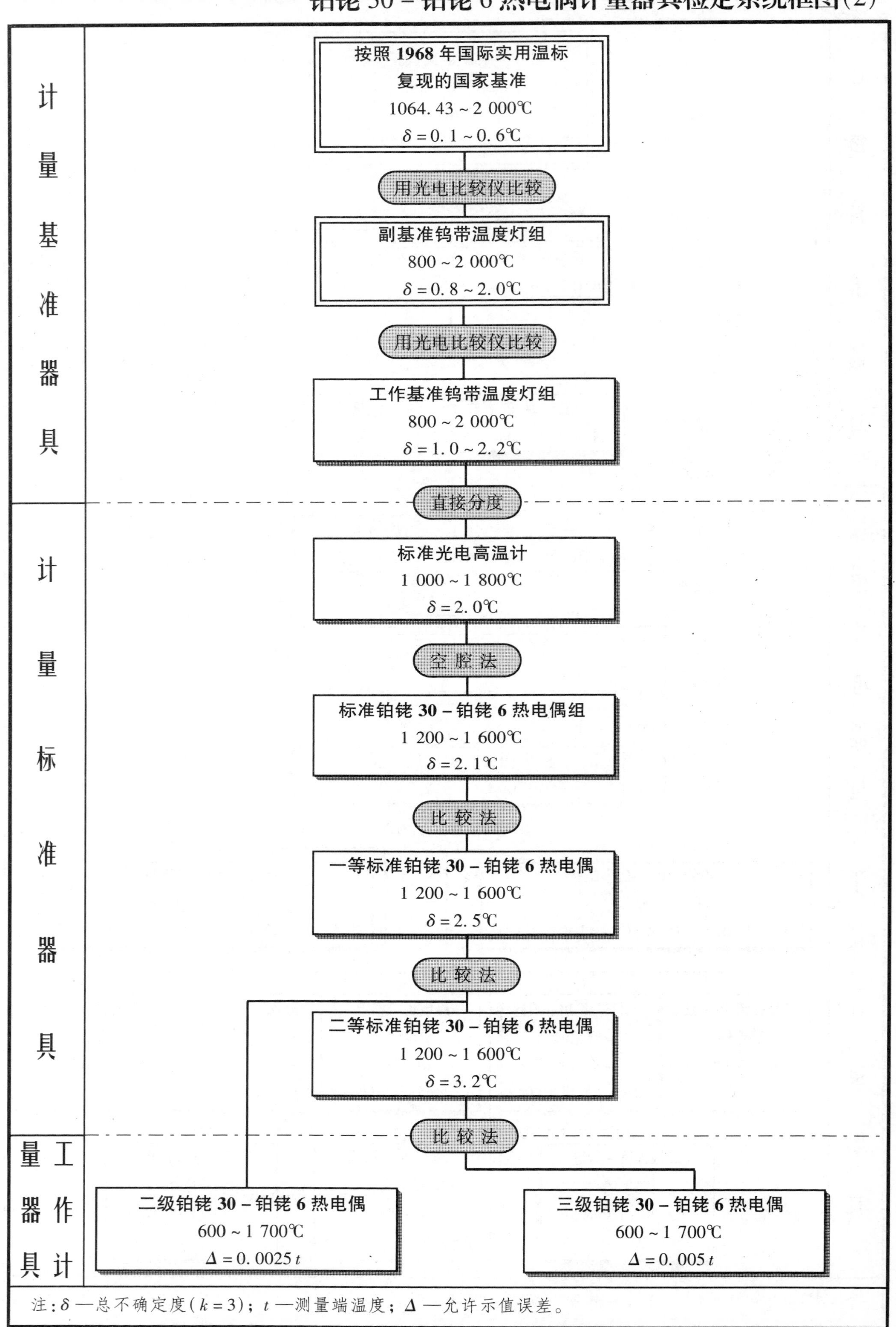

计量基准器具	按照1968年国际实用温标复现的国家基准 1064.43～2 000℃ δ=0.1～0.6℃
	用光电比较仪比较
	副基准钨带温度灯组 800～2 000℃ δ=0.8～2.0℃
	用光电比较仪比较
	工作基准钨带温度灯组 800～2 000℃ δ=1.0～2.2℃

直接分度

标准光电高温计
1 000～1 800℃
δ=2.0℃

空腔法

标准铂铑30－铂铑6热电偶组
1 200～1 600℃
δ=2.1℃

比较法

一等标准铂铑30－铂铑6热电偶
1 200～1 600℃
δ=2.5℃

比较法

二等标准铂铑30－铂铑6热电偶
1 200～1 600℃
δ=3.2℃

比较法

计量标准器具

二级铂铑30－铂铑6热电偶
600～1 700℃
Δ=0.0025 t

三级铂铑30－铂铑6热电偶
600～1 700℃
Δ=0.005 t

工作计量器具

注:δ—总不确定度(k=3);t—测量端温度;Δ—允许示值误差。

4

辐射测温仪计量器具检定系统框图

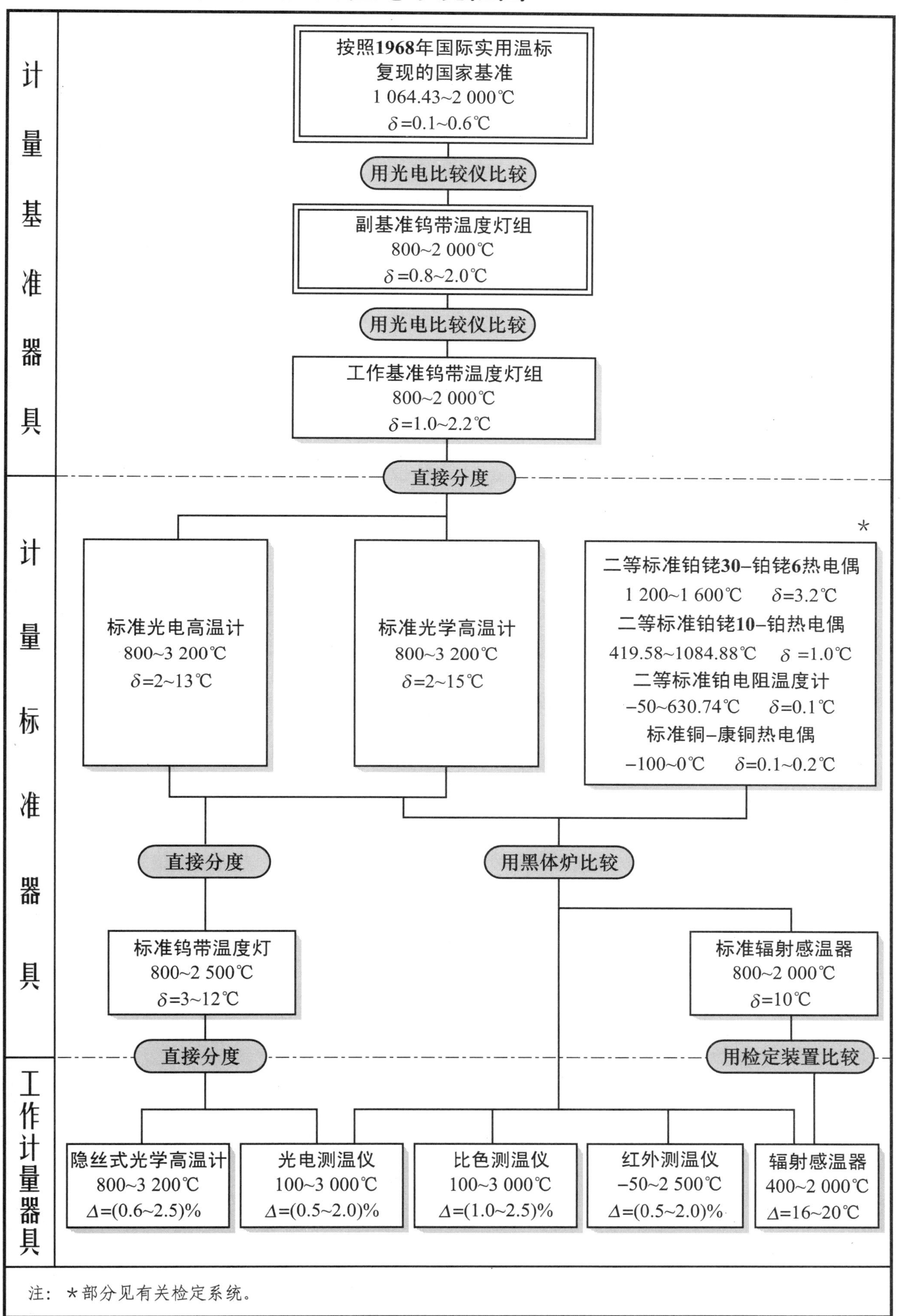

计量基准器具	按照1968年国际实用温标复现的国家基准 1 064.43~2 000℃ δ=0.1~0.6℃	

用光电比较仪比较

副基准钨带温度灯组
800~2 000℃
δ=0.8~2.0℃

用光电比较仪比较

工作基准钨带温度灯组
800~2 000℃
δ=1.0~2.2℃

直接分度

计量标准器具

标准光电高温计
800~3 200℃
δ=2~13℃

标准光学高温计
800~3 200℃
δ=2~15℃

*

二等标准铂铑30-铂铑6热电偶
1 200~1 600℃ δ=3.2℃
二等标准铂铑10-铂热电偶
419.58~1084.88℃ δ=1.0℃
二等标准铂电阻温度计
−50~630.74℃ δ=0.1℃
标准铜-康铜热电偶
−100~0℃ δ=0.1~0.2℃

直接分度   **用黑体炉比较**

标准钨带温度灯
800~2 500℃
δ=3~12℃

标准辐射感温器
800~2 000℃
δ=10℃

直接分度   **用检定装置比较**

工作计量器具

| 隐丝式光学高温计
800~3 200℃
Δ=(0.6~2.5)% | 光电测温仪
100~3 000℃
Δ=(0.5~2.0)% | 比色测温仪
100~3 000℃
Δ=(1.0~2.5)% | 红外测温仪
−50~2 500℃
Δ=(0.5~2.0)% | 辐射感温器
400~2 000℃
Δ=16~20℃ |

注：*部分见有关检定系统。

布氏硬度计量器具检定系统框图

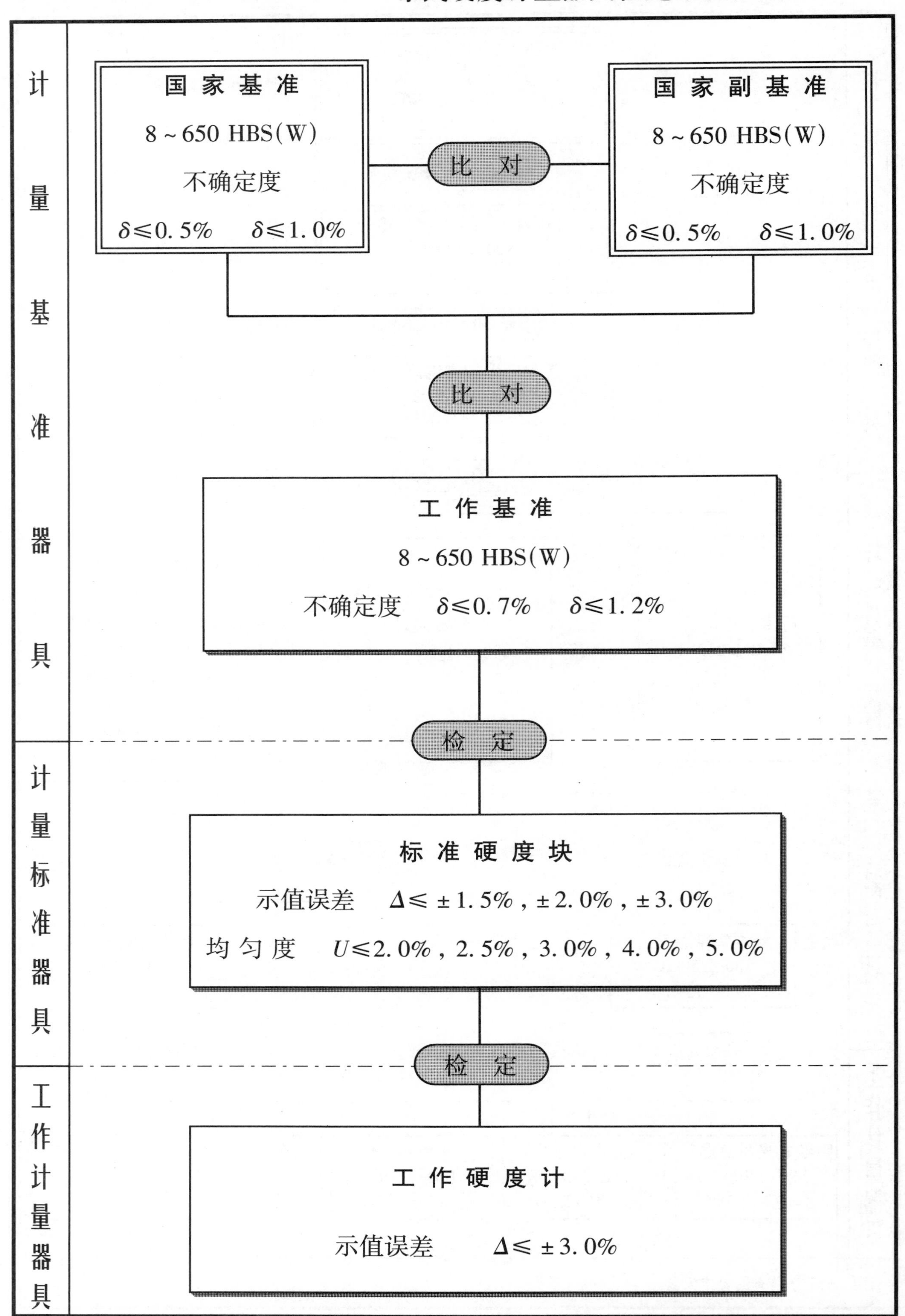

计量基准器具

国家基准
8～650 HBS(W)
不确定度
δ≤0.5%   δ≤1.0%

比 对

国家副基准
8～650 HBS(W)
不确定度
δ≤0.5%   δ≤1.0%

比 对

工 作 基 准
8～650 HBS(W)
不确定度   δ≤0.7%   δ≤1.2%

检 定

计量标准器具

标 准 硬 度 块
示值误差   Δ≤±1.5%, ±2.0%, ±3.0%
均匀度   U≤2.0%, 2.5%, 3.0%, 4.0%, 5.0%

检 定

工作计量器具

工 作 硬 度 计
示值误差   Δ≤±3.0%

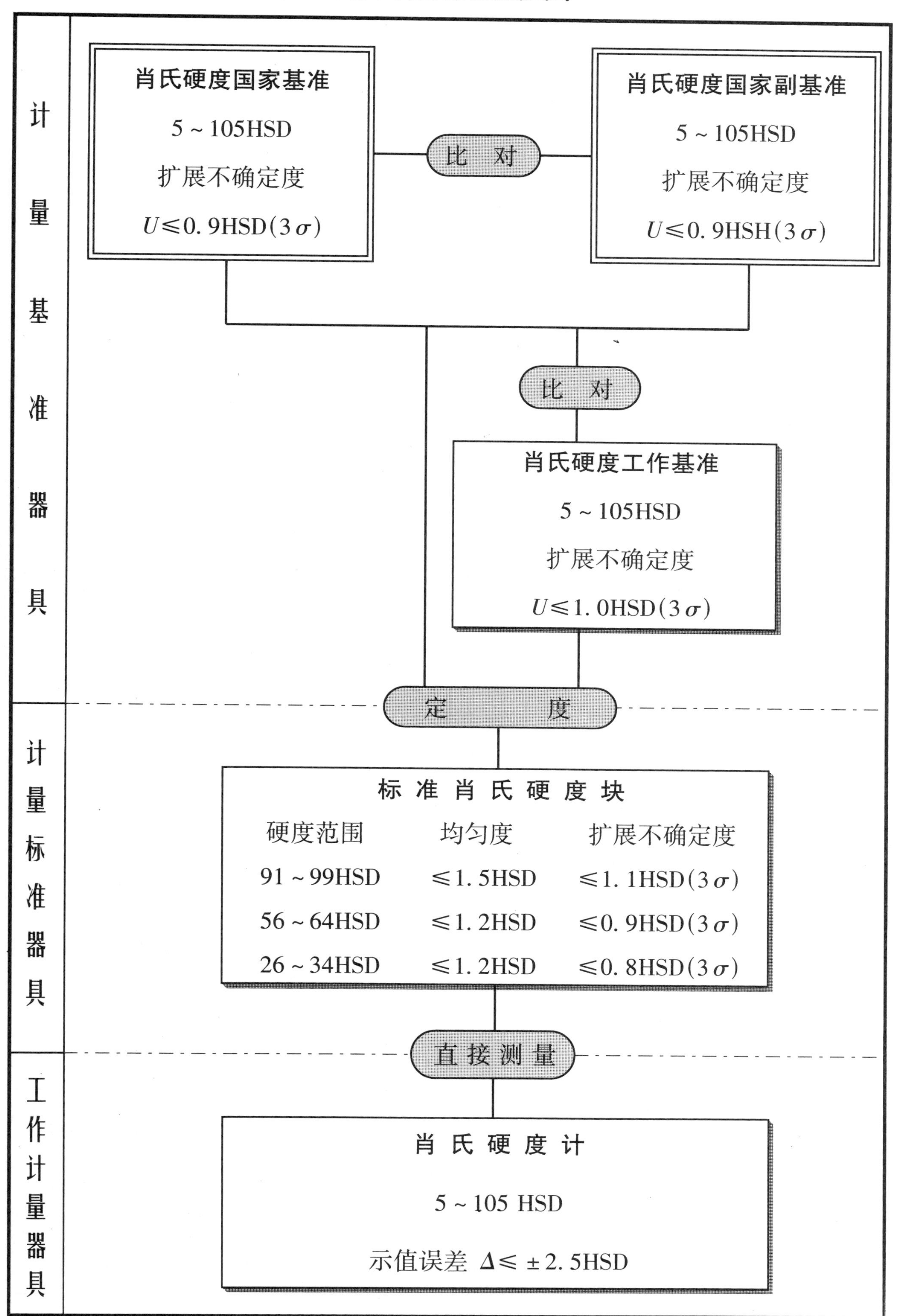

| 计量基准器具 | 肖氏硬度国家基准
5 ~ 105HSD
扩展不确定度
$U \leqslant 0.9\mathrm{HSD}(3\sigma)$ | 比 对 | 肖氏硬度国家副基准
5 ~ 105HSD
扩展不确定度
$U \leqslant 0.9\mathrm{HSH}(3\sigma)$ |

比 对

肖氏硬度工作基准

5 ~ 105HSD

扩展不确定度

$U \leqslant 1.0\mathrm{HSD}(3\sigma)$

定 度

计量标准器具

标 准 肖 氏 硬 度 块

硬度范围	均匀度	扩展不确定度
91 ~ 99HSD	$\leqslant 1.5\mathrm{HSD}$	$\leqslant 1.1\mathrm{HSD}(3\sigma)$
56 ~ 64HSD	$\leqslant 1.2\mathrm{HSD}$	$\leqslant 0.9\mathrm{HSD}(3\sigma)$
26 ~ 34HSD	$\leqslant 1.2\mathrm{HSD}$	$\leqslant 0.8\mathrm{HSD}(3\sigma)$

直接测量

工作计量器具

肖 氏 硬 度 计

5 ~ 105 HSD

示值误差 $\Delta \leqslant \pm 2.5\mathrm{HSD}$

时间频率计量器具检定系统表框图

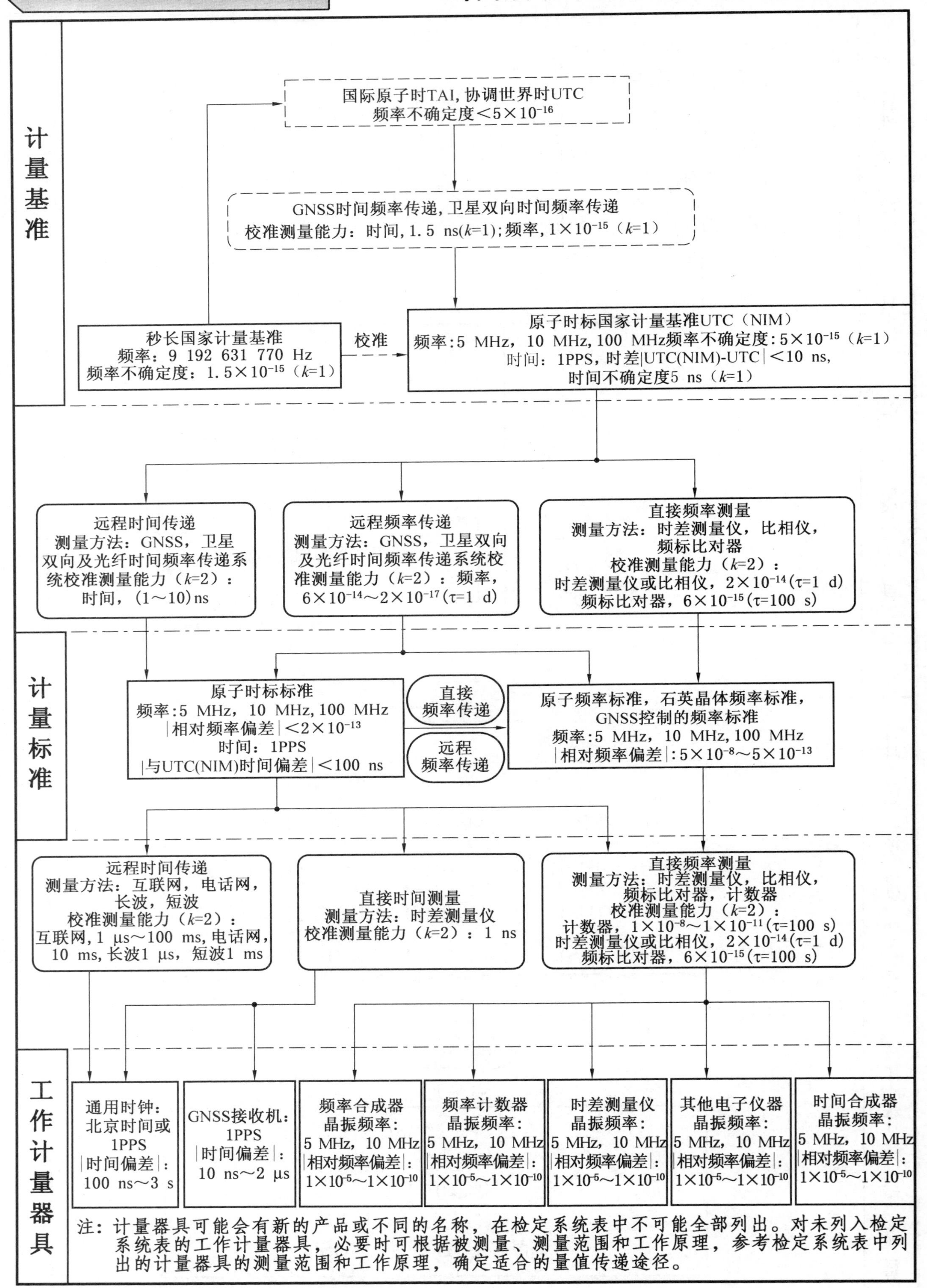

计量基准

国际原子时TAI, 协调世界时UTC
频率不确定度<5×10^{-16}

GNSS时间频率传递, 卫星双向时间频率传递
校准测量能力：时间, 1.5 ns(k=1); 频率, 1×10^{-15}（k=1）

秒长国家计量基准
频率：9 192 631 770 Hz
频率不确定度：1.5×10^{-15}（k=1）

校准

原子时标国家计量基准UTC（NIM）
频率：5 MHz, 10 MHz, 100 MHz频率不确定度：5×10^{-15}（k=1）
时间：1PPS, 时差|UTC(NIM)-UTC|<10 ns,
时间不确定度5 ns（k=1）

计量标准

远程时间传递
测量方法：GNSS, 卫星
双向及光纤时间频率传递系
统校准测量能力（k=2）：
时间, (1~10)ns

远程频率传递
测量方法：GNSS, 卫星双向
及光纤时间频率传递系统校
准测量能力（k=2）：频率,
6×10^{-14}~2×10^{-17}（τ=1 d）

直接频率测量
测量方法：时差测量仪, 比相仪,
频标比对器
校准测量能力（k=2）：
时差测量仪或比相仪, 2×10^{-14}(τ=1 d)
频标比对器, 6×10^{-15}(τ=100 s)

原子时标标准
频率：5 MHz, 10 MHz, 100 MHz
|相对频率偏差|<2×10^{-13}
时间：1PPS
|与UTC(NIM)时间偏差|<100 ns

直接
频率传递

远程
频率传递

原子频率标准, 石英晶体频率标准,
GNSS控制的频率标准
频率：5 MHz, 10 MHz, 100 MHz
|相对频率偏差|：5×10^{-8}~5×10^{-13}

远程时间传递
测量方法：互联网, 电话网,
长波, 短波
校准测量能力（k=2）：
互联网, 1 μs~100 ms, 电话网,
10 ms, 长波1 μs, 短波1 ms

直接时间测量
测量方法：时差测量仪
校准测量能力（k=2）：1 ns

直接频率测量
测量方法：时差测量仪, 比相仪,
频标比对器, 计数器
校准测量能力（k=2）：
计数器, 1×10^{-8}~1×10^{-11}(τ=100 s)
时差测量仪或比相仪, 2×10^{-14}(τ=1 d)
频标比对器, 6×10^{-15}(τ=100 s)

工作计量器具

通用时钟：
北京时间或
1PPS
|时间偏差|：
100 ns~3 s

GNSS接收机：
1PPS
|时间偏差|：
10 ns~2 μs

频率合成器
晶振频率：
5 MHz, 10 MHz
|相对频率偏差|：
1×10^{-5}~1×10^{-10}

频率计数器
晶振频率：
5 MHz, 10 MHz
|相对频率偏差|：
1×10^{-5}~1×10^{-10}

时差测量仪
晶振频率：
5 MHz, 10 MHz
|相对频率偏差|：
1×10^{-5}~1×10^{-10}

其他电子仪器
晶振频率：
5 MHz, 10 MHz
|相对频率偏差|：
1×10^{-5}~1×10^{-10}

时间合成器
晶振频率：
5 MHz, 10 MHz
|相对频率偏差|：
1×10^{-5}~1×10^{-10}

注：计量器具可能会有新的产品或不同的名称, 在检定系统表中不可能全部列出。对未列入检定
系统表的工作计量器具, 必要时可根据被测量、测量范围和工作原理, 参考检定系统表中列
出的计量器具的测量范围和工作原理, 确定适合的量值传递途径。

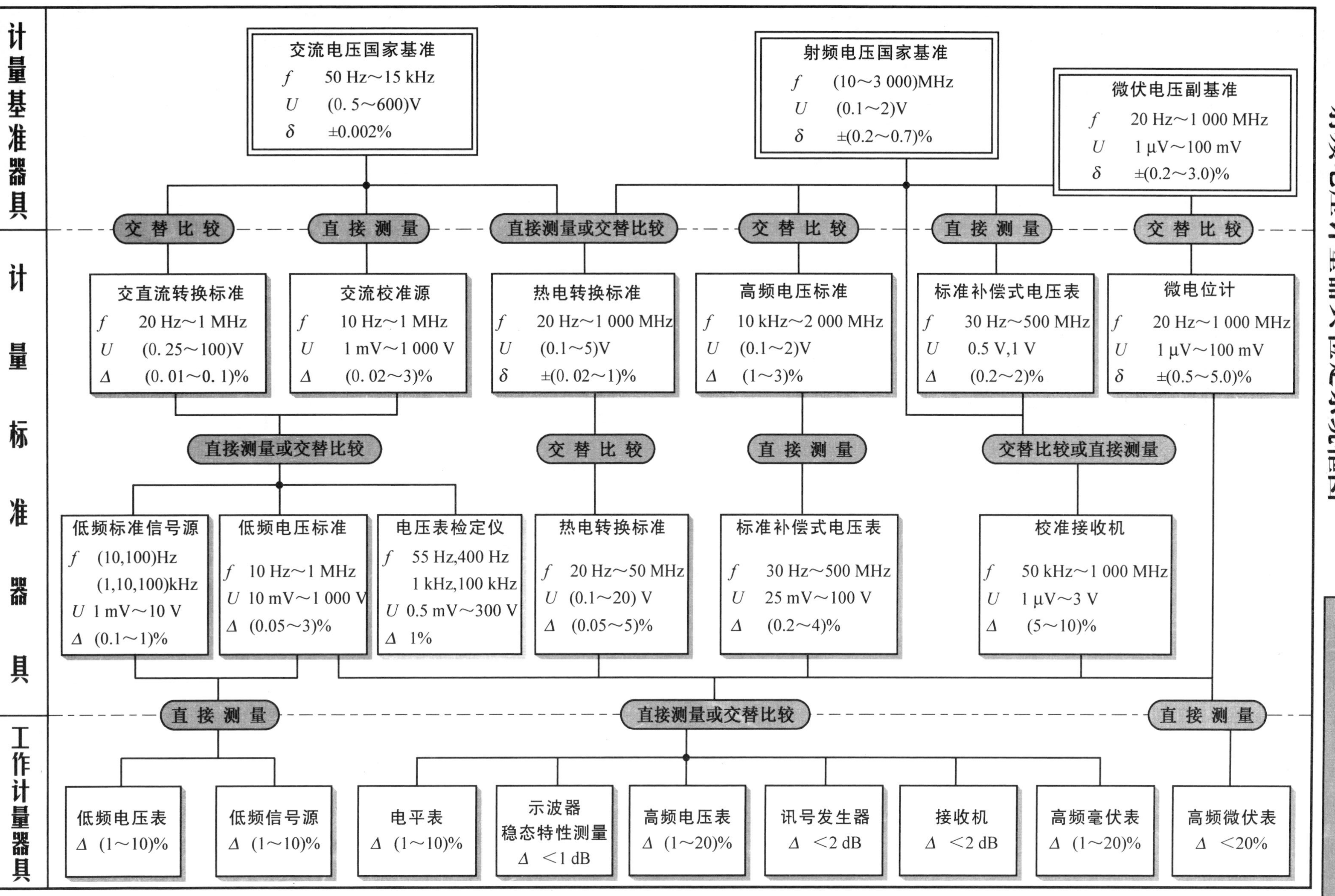

射频电压计量器具检定系统框图

JJG 2008—1987

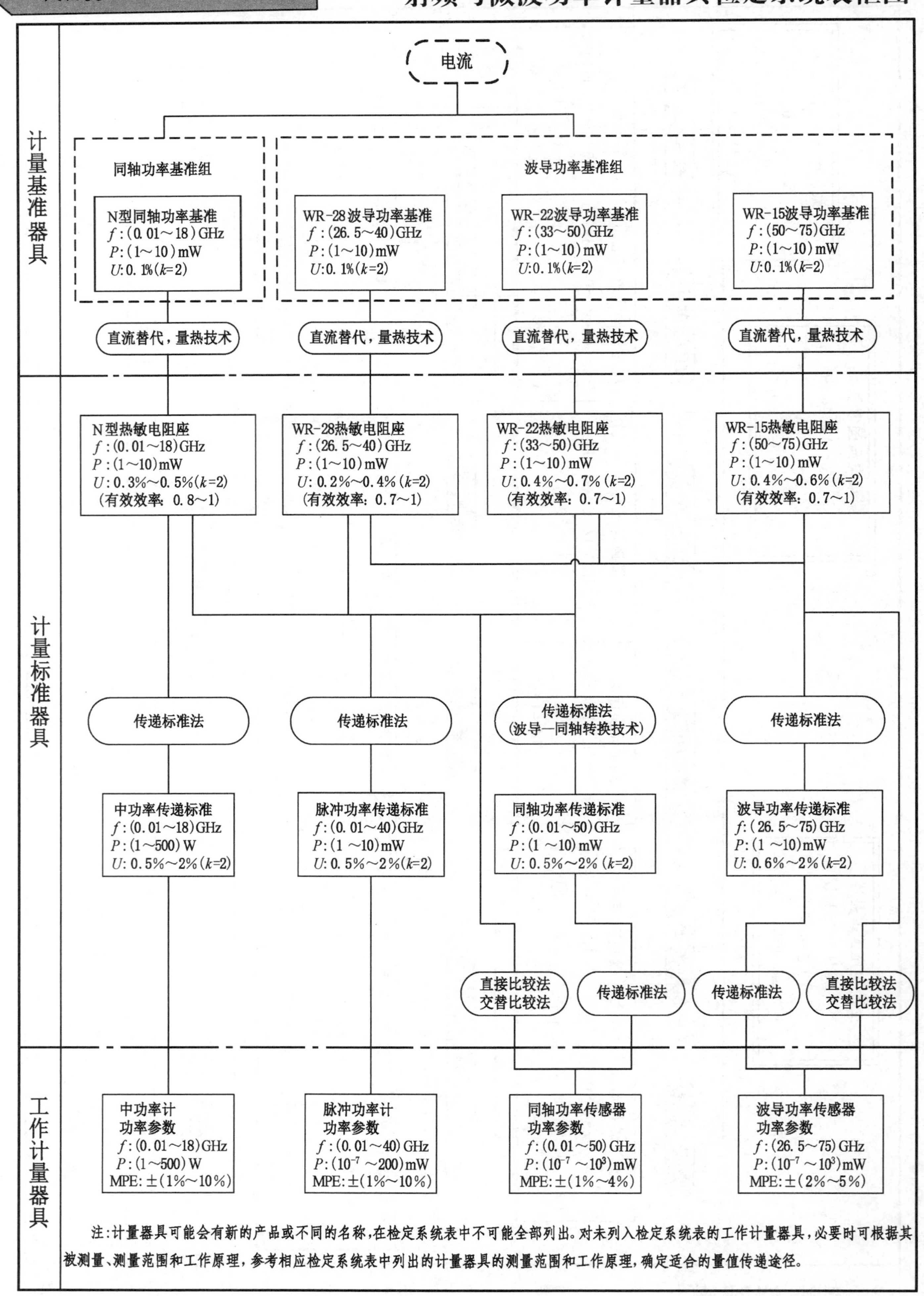

注:计量器具可能会有新的产品或不同的名称,在检定系统表中不可能全部列出。对未列入检定系统表的工作计量器具,必要时可根据其被测量、测量范围和工作原理,参考相应检定系统表中列出的计量器具的测量范围和工作原理,确定适合的量值传递途径。

射频与微波衰减计量器具检定系统表框图

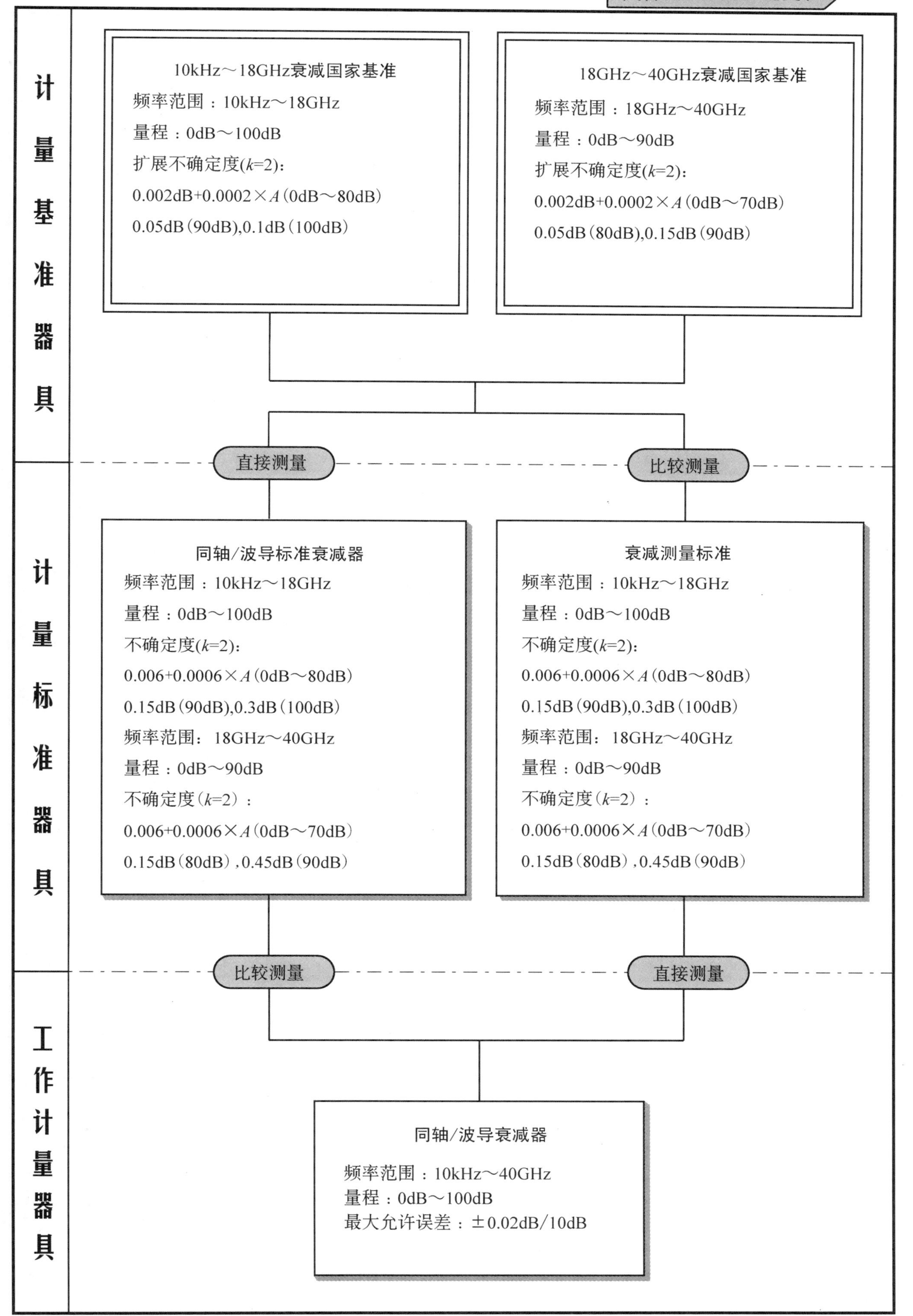

计量基准器具

| 10kHz～18GHz衰减国家基准 |
| 频率范围：10kHz～18GHz |
| 量程：0dB～100dB |
| 扩展不确定度(*k*=2)： |
| 0.002dB+0.0002×*A*（0dB～80dB） |
| 0.05dB（90dB）,0.1dB（100dB） |

| 18GHz～40GHz衰减国家基准 |
| 频率范围：18GHz～40GHz |
| 量程：0dB～90dB |
| 扩展不确定度(*k*=2)： |
| 0.002dB+0.0002×*A*（0dB～70dB） |
| 0.05dB（80dB）,0.15dB（90dB） |

直接测量　　比较测量

计量标准器具

| 同轴/波导标准衰减器 |
| 频率范围：10kHz～18GHz |
| 量程：0dB～100dB |
| 不确定度(*k*=2)： |
| 0.006+0.0006×*A*（0dB～80dB） |
| 0.15dB（90dB）,0.3dB（100dB） |
| 频率范围：18GHz～40GHz |
| 量程：0dB～90dB |
| 不确定度(*k*=2)： |
| 0.006+0.0006×*A*（0dB～70dB） |
| 0.15dB（80dB）,0.45dB（90dB） |

| 衰减测量标准 |
| 频率范围：10kHz～18GHz |
| 量程：0dB～100dB |
| 不确定度(*k*=2)： |
| 0.006+0.0006×*A*（0dB～80dB） |
| 0.15dB（90dB）,0.3dB（100dB） |
| 频率范围：18GHz～40GHz |
| 量程：0dB～90dB |
| 不确定度(*k*=2)： |
| 0.006+0.0006×*A*（0dB～70dB） |
| 0.15dB（80dB）,0.45dB（90dB） |

比较测量　　直接测量

工作计量器具

| 同轴/波导衰减器 |
| 频率范围：10kHz～40GHz |
| 量程：0dB～100dB |
| 最大允许误差：±0.02dB/10dB |

射(高)频阻抗计量器具检定系统框图

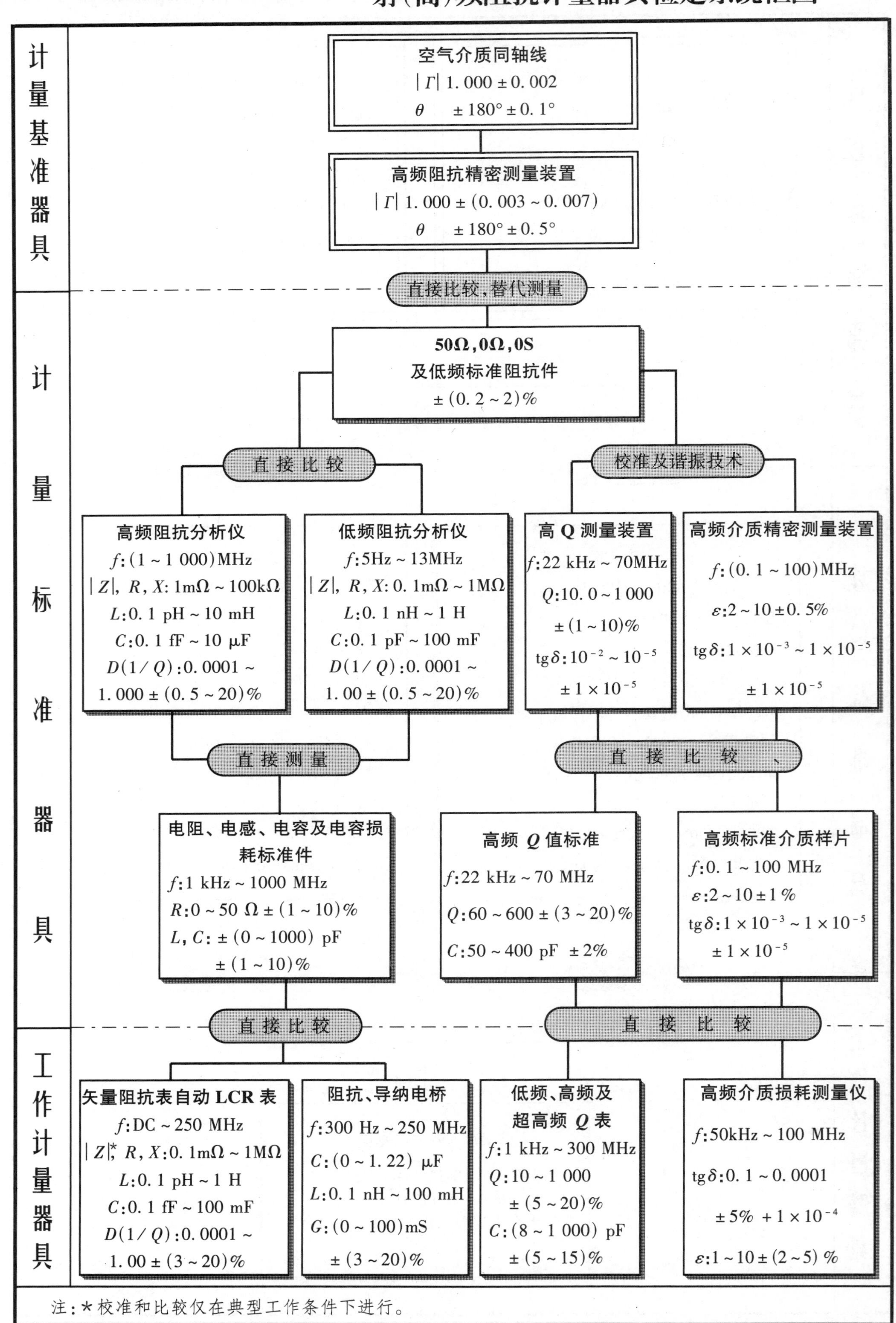

计量基准器具

空气介质同轴线
$|\Gamma|$ 1.000 ± 0.002
θ ± 180° ± 0.1°

高频阻抗精密测量装置
$|\Gamma|$ 1.000 ± (0.003 ~ 0.007)
θ ± 180° ± 0.5°

直接比较, 替代测量

计量标准器具

50Ω, 0Ω, 0S
及低频标准阻抗件
± (0.2 ~ 2)%

直接比较

校准及谐振技术

高频阻抗分析仪
f: (1 ~ 1 000) MHz
$|Z|$, R, X: 1mΩ ~ 100kΩ
L: 0.1 pH ~ 10 mH
C: 0.1 fF ~ 10 μF
$D(1/Q)$: 0.0001 ~
1.000 ± (0.5 ~ 20)%

低频阻抗分析仪
f: 5Hz ~ 13MHz
$|Z|$, R, X: 0.1mΩ ~ 1MΩ
L: 0.1 nH ~ 1 H
C: 0.1 pF ~ 100 mF
$D(1/Q)$: 0.0001 ~
1.00 ± (0.5 ~ 20)%

高 Q 测量装置
f: 22 kHz ~ 70MHz
Q: 10.0 ~ 1 000
± (1 ~ 10)%
tgδ: 10^{-2} ~ 10^{-5}
± 1 × 10^{-5}

高频介质精密测量装置
f: (0.1 ~ 100) MHz
ε: 2 ~ 10 ± 0.5%
tgδ: 1 × 10^{-3} ~ 1 × 10^{-5}
± 1 × 10^{-5}

直接测量

直接比较、

电阻、电感、电容及电容损耗标准件
f: 1 kHz ~ 1000 MHz
R: 0 ~ 50 Ω ± (1 ~ 10)%
L, C: ± (0 ~ 1000) pF
± (1 ~ 10)%

高频 Q 值标准
f: 22 kHz ~ 70 MHz
Q: 60 ~ 600 ± (3 ~ 20)%
C: 50 ~ 400 pF ± 2%

高频标准介质样片
f: 0.1 ~ 100 MHz
ε: 2 ~ 10 ± 1%
tgδ: 1 × 10^{-3} ~ 1 × 10^{-5}
± 1 × 10^{-5}

直接比较

直接比较

工作计量器具

矢量阻抗表自动 LCR 表
f: DC ~ 250 MHz
$|Z|^*$, R, X: 0.1mΩ ~ 1MΩ
L: 0.1 pH ~ 1 H
C: 0.1 fF ~ 100 mF
$D(1/Q)$: 0.0001 ~
1.00 ± (3 ~ 20)%

阻抗、导纳电桥
f: 300 Hz ~ 250 MHz
C: (0 ~ 1.22) μF
L: 0.1 nH ~ 100 mH
G: (0 ~ 100) mS
± (3 ~ 20)%

低频、高频及
超高频 Q 表
f: 1 kHz ~ 300 MHz
Q: 10 ~ 1 000
± (5 ~ 20)%
C: (8 ~ 1 000) pF
± (5 ~ 15)%

高频介质损耗测量仪
f: 50kHz ~ 100 MHz
tgδ: 0.1 ~ 0.0001
± 5% + 1 × 10^{-4}
ε: 1 ~ 10 ± (2 ~ 5)%

注: * 校准和比较仅在典型工作条件下进行。

3厘米阻抗计量器具检定系统框图

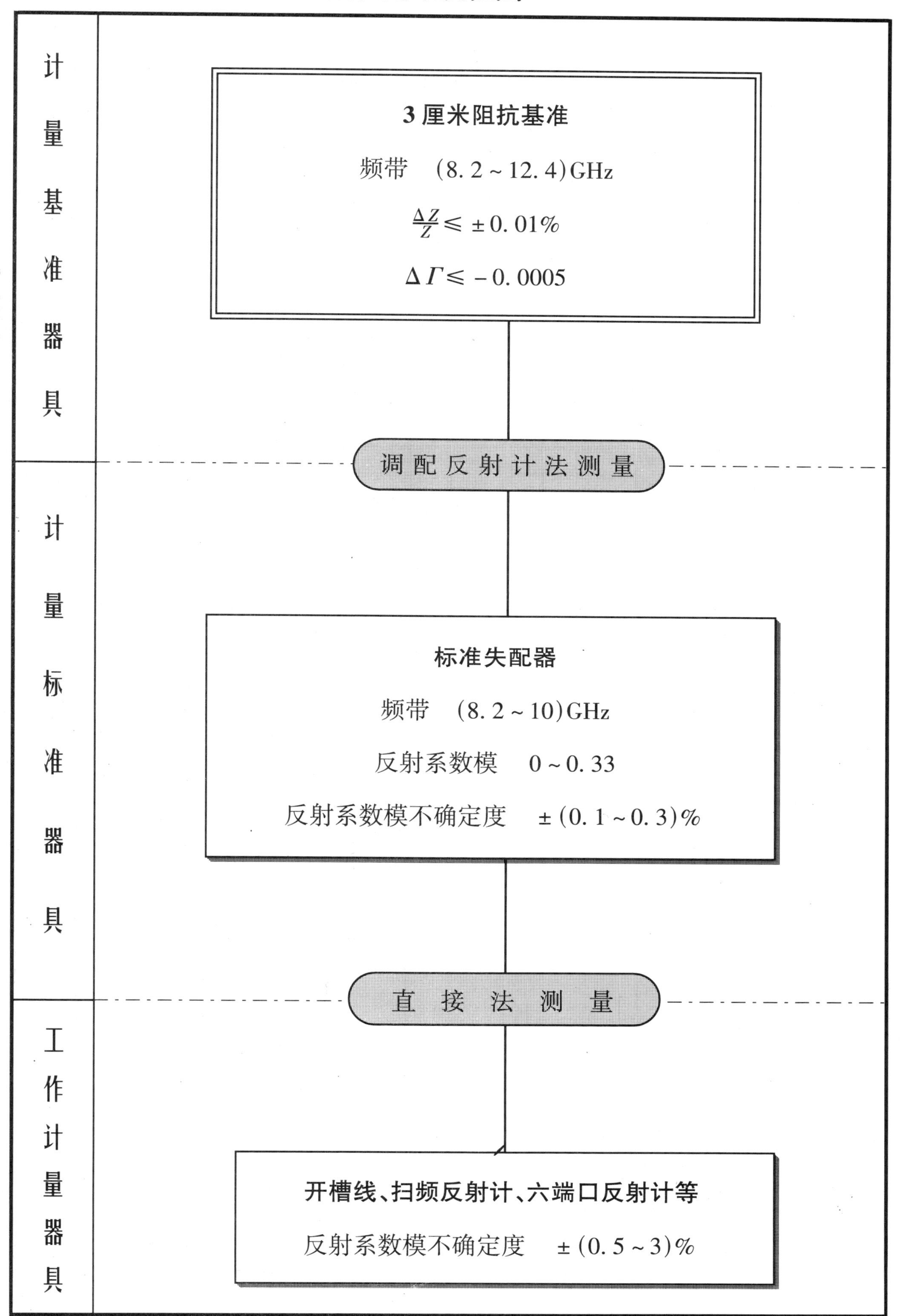

计量基准器具

3厘米阻抗基准

频带　(8.2～12.4)GHz

$\dfrac{\Delta Z}{Z} \leqslant \pm 0.01\%$

$\Delta \Gamma \leqslant -0.0005$

调配反射计法测量

计量标准器具

标准失配器

频带　(8.2～10)GHz

反射系数模　0～0.33

反射系数模不确定度　$\pm(0.1～0.3)\%$

直　接　法　测　量

工作计量器具

开槽线、扫频反射计、六端口反射计等

反射系数模不确定度　$\pm(0.5～3)\%$

射频与微波相移计量器具检定系统框图

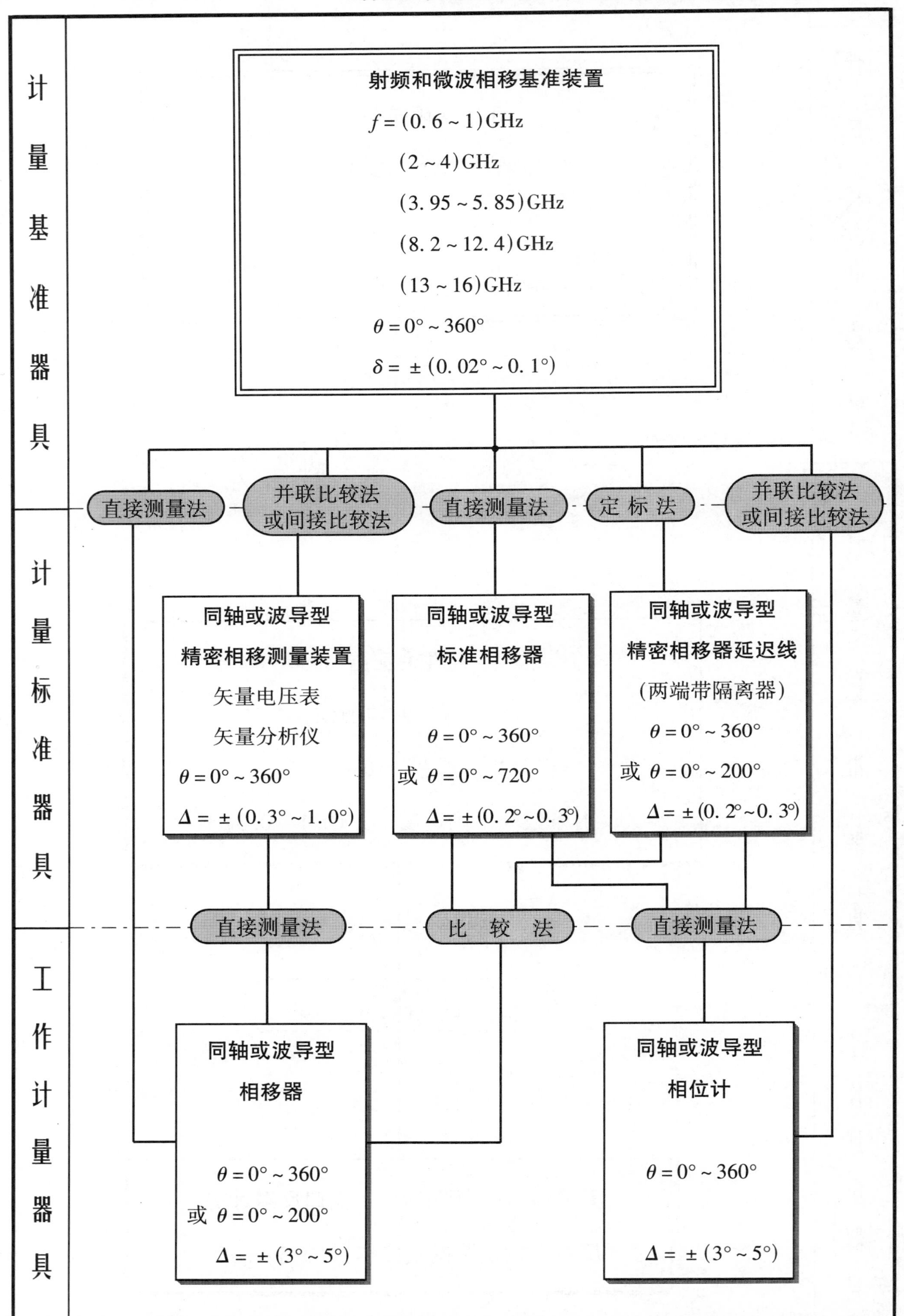

计量基准器具

射频和微波相移基准装置

$f = (0.6 \sim 1)\,\text{GHz}$

$(2 \sim 4)\,\text{GHz}$

$(3.95 \sim 5.85)\,\text{GHz}$

$(8.2 \sim 12.4)\,\text{GHz}$

$(13 \sim 16)\,\text{GHz}$

$\theta = 0° \sim 360°$

$\delta = \pm(0.02° \sim 0.1°)$

直接测量法　　并联比较法或间接比较法　　直接测量法　　定标法　　并联比较法或间接比较法

计量标准器具

同轴或波导型精密相移测量装置

矢量电压表

矢量分析仪

$\theta = 0° \sim 360°$

$\Delta = \pm(0.3° \sim 1.0°)$

同轴或波导型标准相移器

$\theta = 0° \sim 360°$

或 $\theta = 0° \sim 720°$

$\Delta = \pm(0.2° \sim 0.3°)$

同轴或波导型精密相移器延迟线

（两端带隔离器）

$\theta = 0° \sim 360°$

或 $\theta = 0° \sim 200°$

$\Delta = \pm(0.2° \sim 0.3°)$

直接测量法　　比较法　　直接测量法

工作计量器具

同轴或波导型相移器

$\theta = 0° \sim 360°$

或 $\theta = 0° \sim 200°$

$\Delta = \pm(3° \sim 5°)$

同轴或波导型相位计

$\theta = 0° \sim 360°$

$\Delta = \pm(3° \sim 5°)$

射频与微波噪声计量器具检定系统框图

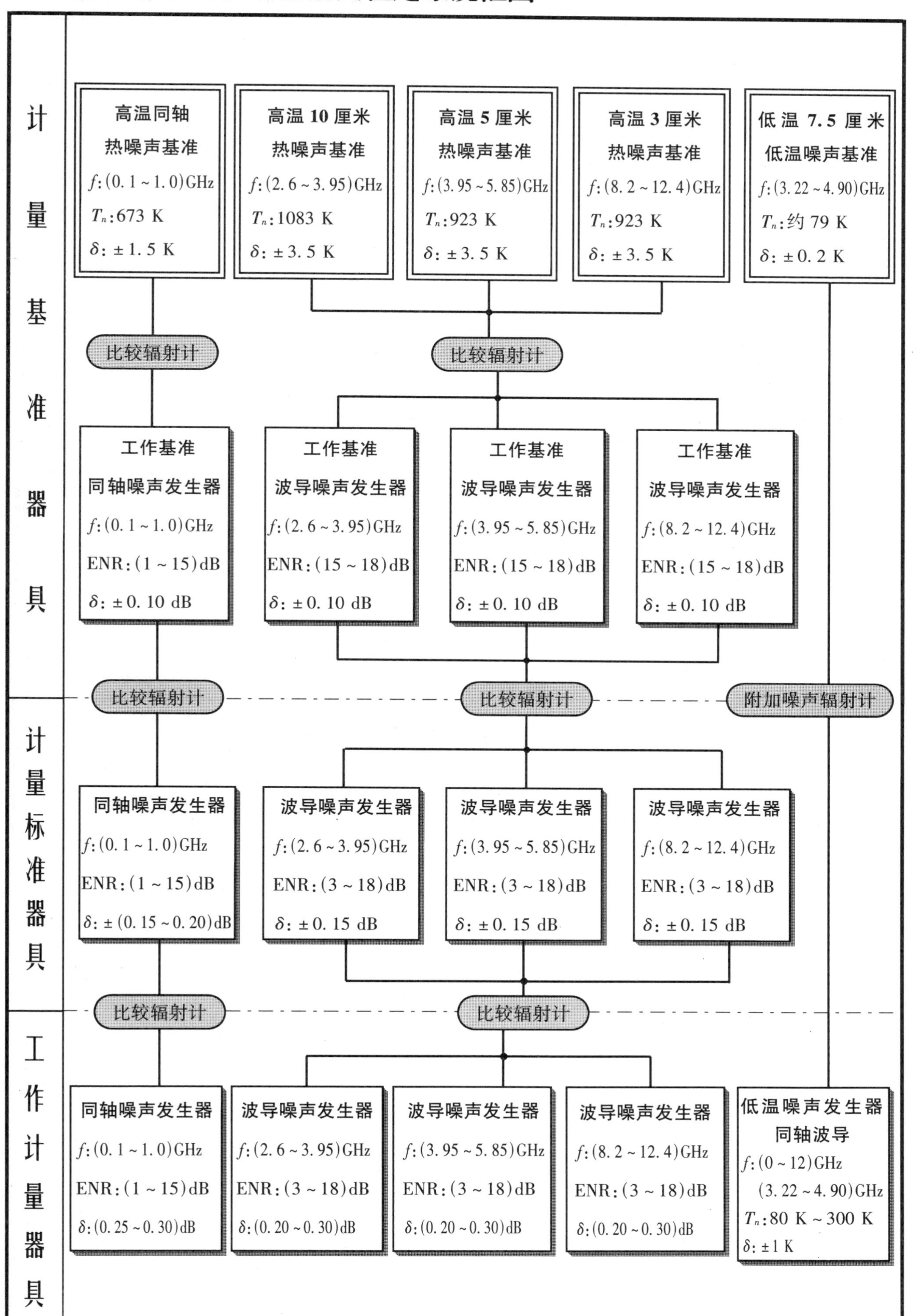

计量基准器具

高温同轴热噪声基准	高温10厘米热噪声基准	高温5厘米热噪声基准	高温3厘米热噪声基准	低温7.5厘米低温噪声基准
f:(0.1~1.0)GHz	f:(2.6~3.95)GHz	f:(3.95~5.85)GHz	f:(8.2~12.4)GHz	f:(3.22~4.90)GHz
T_n:673 K	T_n:1083 K	T_n:923 K	T_n:923 K	T_n:约 79 K
δ:±1.5 K	δ:±3.5 K	δ:±3.5 K	δ:±3.5 K	δ:±0.2 K

比较辐射计　　比较辐射计

计量基准器具

工作基准 同轴噪声发生器	工作基准 波导噪声发生器	工作基准 波导噪声发生器	工作基准 波导噪声发生器
f:(0.1~1.0)GHz	f:(2.6~3.95)GHz	f:(3.95~5.85)GHz	f:(8.2~12.4)GHz
ENR:(1~15)dB	ENR:(15~18)dB	ENR:(15~18)dB	ENR:(15~18)dB
δ:±0.10 dB	δ:±0.10 dB	δ:±0.10 dB	δ:±0.10 dB

比较辐射计　　比较辐射计　　附加噪声辐射计

计量标准器具

同轴噪声发生器	波导噪声发生器	波导噪声发生器	波导噪声发生器
f:(0.1~1.0)GHz	f:(2.6~3.95)GHz	f:(3.95~5.85)GHz	f:(8.2~12.4)GHz
ENR:(1~15)dB	ENR:(3~18)dB	ENR:(3~18)dB	ENR:(3~18)dB
δ:±(0.15~0.20)dB	δ:±0.15 dB	δ:±0.15 dB	δ:±0.15 dB

比较辐射计　　比较辐射计

工作计量器具

同轴噪声发生器	波导噪声发生器	波导噪声发生器	波导噪声发生器	低温噪声发生器 同轴波导
f:(0.1~1.0)GHz	f:(2.6~3.95)GHz	f:(3.95~5.85)GHz	f:(8.2~12.4)GHz	f:(0~12)GHz (3.22~4.90)GHz
ENR:(1~15)dB	ENR:(3~18)dB	ENR:(3~18)dB	ENR:(3~18)dB	T_n:80 K~300 K
δ:(0.25~0.30)dB	δ:(0.20~0.30)dB	δ:(0.20~0.30)dB	δ:(0.20~0.30)dB	δ:±1 K

脉冲波形参数计量器具检定系统表框图

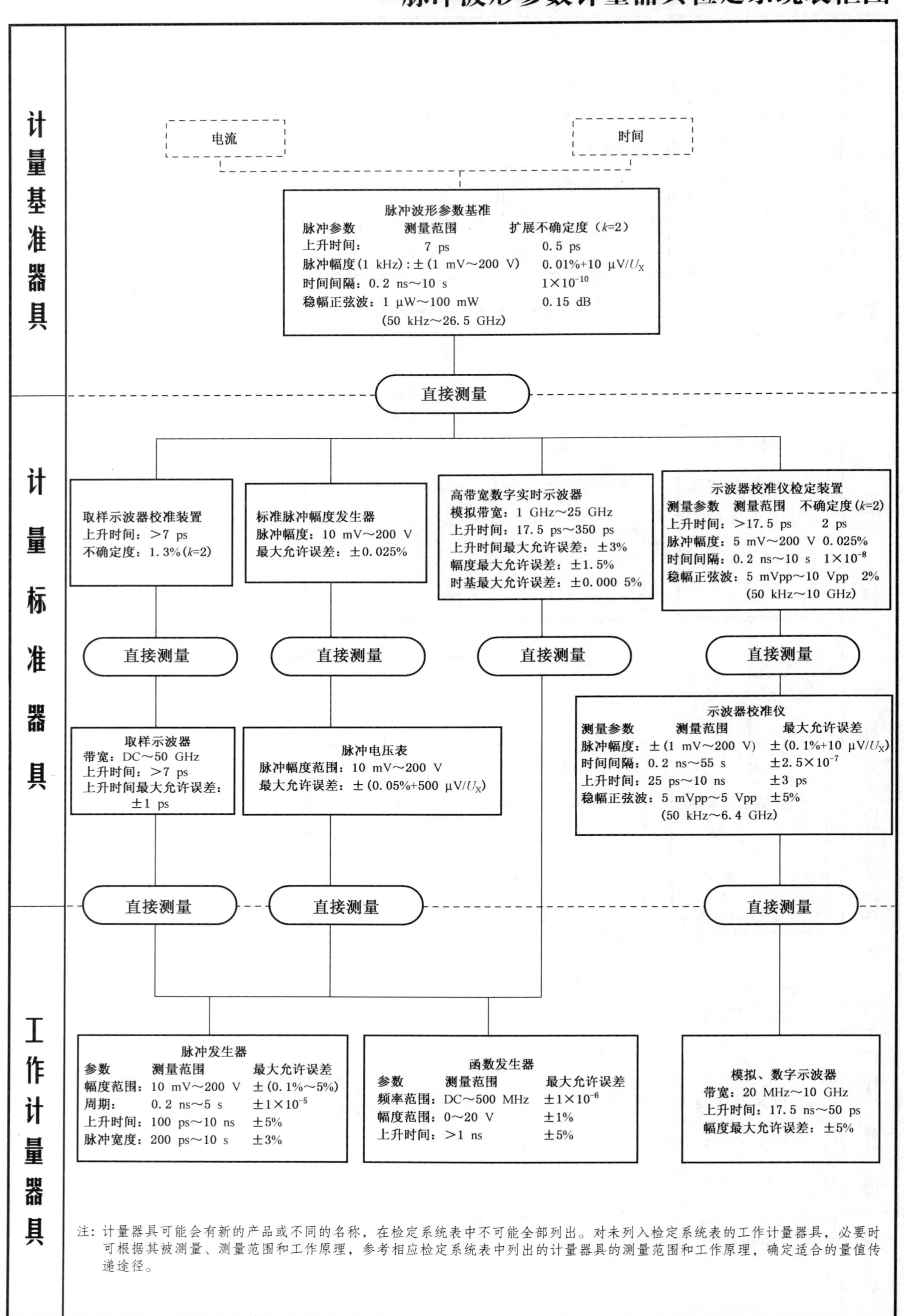

计量基准器具		

电流

时间

脉冲波形参数基准
脉冲参数　　　测量范围　　　扩展不确定度（k=2）
上升时间：　　　7 ps　　　　　0.5 ps
脉冲幅度（1 kHz）：±（1 mV～200 V）　0.01%+10 μV/U_X
时间间隔：0.2 ns～10 s　　　　1×10^{-10}
稳幅正弦波：1 μW～100 mW　　0.15 dB
　　　　（50 kHz～26.5 GHz）

直接测量

计量标准器具

取样示波器校准装置
上升时间：>7 ps
不确定度：1.3%（k=2）

标准脉冲幅度发生器
脉冲幅度：10 mV～200 V
最大允许误差：±0.025%

高带宽数字实时示波器
模拟带宽：1 GHz～25 GHz
上升时间：17.5 ps～350 ps
上升时间最大允许误差：±3%
幅度最大允许误差：±1.5%
时基最大允许误差：±0.000 5%

示波器校准仪检定装置
测量参数　测量范围　不确定度（k=2）
上升时间：>17.5 ps　　2 ps
脉冲幅度：5 mV～200 V　0.025%
时间间隔：0.2 ns～10 s　1×10^{-8}
稳幅正弦波：5 mVpp～10 Vpp　2%
　　　　（50 kHz～10 GHz）

直接测量　　直接测量　　直接测量　　直接测量

取样示波器
带宽：DC～50 GHz
上升时间：>7 ps
上升时间最大允许误差：
　　±1 ps

脉冲电压表
脉冲幅度范围：10 mV～200 V
最大允许误差：±（0.05%+500 μV/U_X）

示波器校准仪
测量参数　　测量范围　　　最大允许误差
脉冲幅度：±（1 mV～200 V）　±（0.1%+10 μV/U_X）
时间间隔：0.2 ns～55 s　　　±2.5×10^{-7}
上升时间：25 ps～10 ns　　　±3 ps
稳幅正弦波：5 mVpp～5 Vpp　±5%
　　　　（50 kHz～6.4 GHz）

直接测量　　直接测量　　　　　　直接测量

工作计量器具

脉冲发生器
参数　　　测量范围　　　最大允许误差
幅度范围：10 mV～200 V　±（0.1%～5%）
周期：　0.2 ns～5 s　　±1×10^{-5}
上升时间：100 ps～10 ns　±5%
脉冲宽度：200 ps～10 s　±3%

函数发生器
参数　　　测量范围　　　最大允许误差
频率范围：DC～500 MHz　±1×10^{-6}
幅度范围：0～20 V　　　±1%
上升时间：>1 ns　　　　±5%

模拟、数字示波器
带宽：20 MHz～10 GHz
上升时间：17.5 ns～50 ps
幅度最大允许误差：±5%

注：计量器具可能会有新的产品或不同的名称，在检定系统表中不可能全部列出。对未列入检定系统表的工作计量器具，必要时
　　可根据其被测量、测量范围和工作原理，参考相应检定系统表列出的计量器具的测量范围和工作原理，确定适合的量值传
　　递途径。

黏度计量器具检定系统表框图

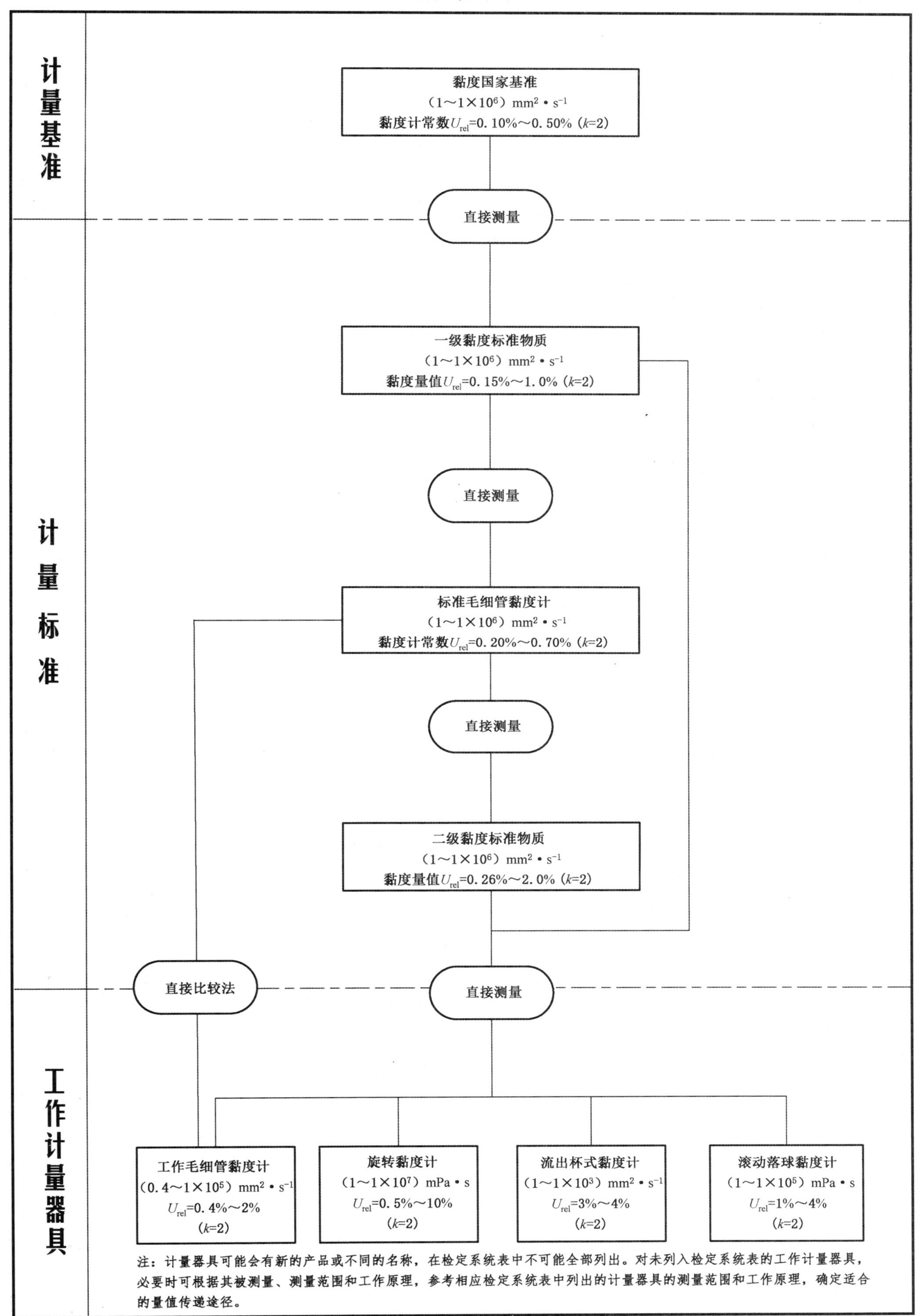

计量基准

> 黏度国家基准
> $(1\sim1\times10^6)$ mm$^2\cdot$s^{-1}
> 黏度计常数 $U_{rel}=0.10\%\sim0.50\%$ $(k=2)$

直接测量

计量标准

> 一级黏度标准物质
> $(1\sim1\times10^6)$ mm$^2\cdot$s^{-1}
> 黏度量值 $U_{rel}=0.15\%\sim1.0\%$ $(k=2)$

直接测量

> 标准毛细管黏度计
> $(1\sim1\times10^6)$ mm$^2\cdot$s^{-1}
> 黏度计常数 $U_{rel}=0.20\%\sim0.70\%$ $(k=2)$

直接测量

> 二级黏度标准物质
> $(1\sim1\times10^6)$ mm$^2\cdot$s^{-1}
> 黏度量值 $U_{rel}=0.26\%\sim2.0\%$ $(k=2)$

直接比较法　　　　直接测量

工作计量器具

> 工作毛细管黏度计
> $(0.4\sim1\times10^5)$ mm$^2\cdot$s^{-1}
> $U_{rel}=0.4\%\sim2\%$
> $(k=2)$

> 旋转黏度计
> $(1\sim1\times10^7)$ mPa$\cdot$s
> $U_{rel}=0.5\%\sim10\%$
> $(k=2)$

> 流出杯式黏度计
> $(1\sim1\times10^3)$ mm$^2\cdot$s^{-1}
> $U_{rel}=3\%\sim4\%$
> $(k=2)$

> 滚动落球黏度计
> $(1\sim1\times10^5)$ mPa$\cdot$s
> $U_{rel}=1\%\sim4\%$
> $(k=2)$

注：计量器可能会有新的产品或不同的名称，在检定系统表中不可能全部列出。对未列入检定系统表的工作计量器具，必要时可根据其被测量、测量范围和工作原理，参考相应检定系统表列出的计量器具的测量范围和工作原理，确定适合的量值传递途径。

水声声压计量器具检定系统表框图

计量基准

基本量:电流

基准用标准水听器
频率范围:
1 Hz ~ 2 kHz
不确定度:
$U = 0.5$ dB($k = 2$)

基准用标准水听器
频率范围:
2 kHz ~ 100 kHz
不确定度:
$U = 0.7$ dB($k = 2$)
频率范围:
100 kHz ~ 200 kHz
不确定度:
$U = 0.9$ dB($k = 2$)

基准用标准水听器
频率范围:
0.1 MHz ~ 2.5 MHz
不确定度:
$U = 0.9$ dB($k = 2$)
频率范围:
2.5 MHz ~ 5.0 MHz
不确定度:
$U = 1.1$ dB($k = 2$)

低频水声声压基准装置
频率范围:
1 Hz ~ 2 kHz
不确定度:
$U = 0.5$ dB($k = 2$)

自由场互易法水声声压基准装置
频率范围:
2 kHz ~ 100 kHz
不确定度:
$U = 0.7$ dB($k = 2$)
频率范围:
100 kHz ~ 200 kHz
不确定度:
$U = 0.9$ dB($k = 2$)

高频水声声压基准装置
频率范围:
0.1 MHz ~ 2.5 MHz
不确定度:
$U = 0.9$ dB($k = 2$)
频率范围:
2.5 MHz ~ 5.0 MHz
不确定度:
$U = 1.1$ dB($k = 2$)

计量标准

标 准 水 听 器

频率范围:	频率范围:	频率范围:	频率范围:	频率范围:
1 Hz ~ 2 kHz	2 kHz ~ 100 kHz	100 kHz ~ 200 kHz	0.1 MHz ~ 2.5 MHz	2.5 MHz ~ 5.0 MHz
不确定度:	不确定度:	不确定度:	不确定度:	不确定度:
$U = 0.5$ dB($k = 2$)	$U = 0.7$ dB($k = 2$)	$U = 0.9$ dB($k = 2$)	$U = 0.9$ dB($k = 2$)	$U = 1.1$ dB($k = 2$)

水 声 声 压 标 准 装 置

低频水声声压标准装置
双辐射零值法:频率范围:1 Hz ~ 2 kHz
不确定度:$U = 0.5$ dB($k = 2$)
耦合腔互易法:频率范围:20 Hz ~ 2 kHz
不确定度:$U = 0.5$ dB($k = 2$)
振动液柱法:频率范围:20 Hz ~ 2 kHz
不确定度:$U = 0.6$ dB($k = 2$)
耦合腔比较法:频率范围:1 Hz ~ 2 kHz
不确定度:$U = 1.1$ dB($k = 2$)
振动液柱比较法:频率范围:20 Hz ~ 2 kHz
不确定度:$U = 1.1$ dB($k = 2$)

中频水声声压标准装置
自由场互易法:
频率范围:2 kHz ~ 100 kHz
不确定度:$U = 0.7$ dB($k = 2$)
频率范围:100 kHz ~ 200 kHz
不确定度:$U = 0.9$ dB($k = 2$)
自由场比较法:
频率范围:2 kHz ~ 100 kHz
不确定度:$U = 1.5$ dB($k = 2$)
频率范围:100 kHz ~ 200 kHz
不确定度:$U = 2.5$ dB($k = 2$)

高频水声声压标准装置
自由场互易法:
频率范围:0.1 MHz ~ 2.5 MHz
不确定度:$U = 0.9$ dB($k = 2$)
频率范围:2.5 MHz ~ 5.0 MHz
不确定度:$U = 1.1$ dB($k = 2$)
自由场比较法:
频率范围:0.1 MHz ~ 5.0 MHz
不确定度:$U = 2.5$ dB($k = 2$)

工作计量器具

测量水听器(精密)
频率范围 1 Hz ~ 2 kHz
不确定度:$U = 0.5$ dB($k = 2$)
频率范围:2 kHz ~ 100 kHz
不确定度:$U = 0.7$ dB($k = 2$)
频率范围:100 kHz ~ 200 kHz
不确定度:$U = 0.9$ dB($k = 2$)
频率范围:0.1 MHz ~ 2.5 MHz
不确定度:$U = 0.9$ dB($k = 2$)
频率范围:2.5 MHz ~ 5.0 MHz
不确定度:$U = 1.1$ dB($k = 2$)

测量水听器
频率范围 1 Hz ~ 2 kHz
不确定度:$U = 1.1$ dB($k = 2$)
频率范围:2 kHz ~ 100 kHz
不确定度:$U = 1.5$ dB($k = 2$)
频率范围:100 kHz ~ 200 kHz
不确定度:$U = 2.5$ dB($k = 2$)
频率范围:0.1 MHz ~ 5.0 MHz
不确定度:$U = 2.5$ dB($k = 2$)

发射换能器
频率范围 500 Hz ~ 100 kHz
不确定度:$U = 1.5$ dB($k = 2$)
频率范围:100 kHz ~ 5 MHz
不确定度:$U = 2.5$ dB($k = 2$)

水声声压测量设备
频率范围 1 Hz ~ 2 kHz
不确定度:$U = 1.1$ dB($k = 2$)
频率范围:2 kHz ~ 100 kHz
不确定度:$U = 1.5$ dB($k = 2$)
频率范围:0.1 MHz ~ 5.0 MHz
不确定度:$U = 2.5$ dB($k = 2$)

注:工作计量器具可能会有新的产品或不同的名称,在检定系统表中不可能全部列出。对未列入检定系统的工作计量器具,必要时可根据其被测量、测量范围和工作原理,参考相应检定系统表中列出的工作计量器具的测量范围和工作原理,确定适合的量值传递途径。

表面粗糙度计量器具检定系统框图

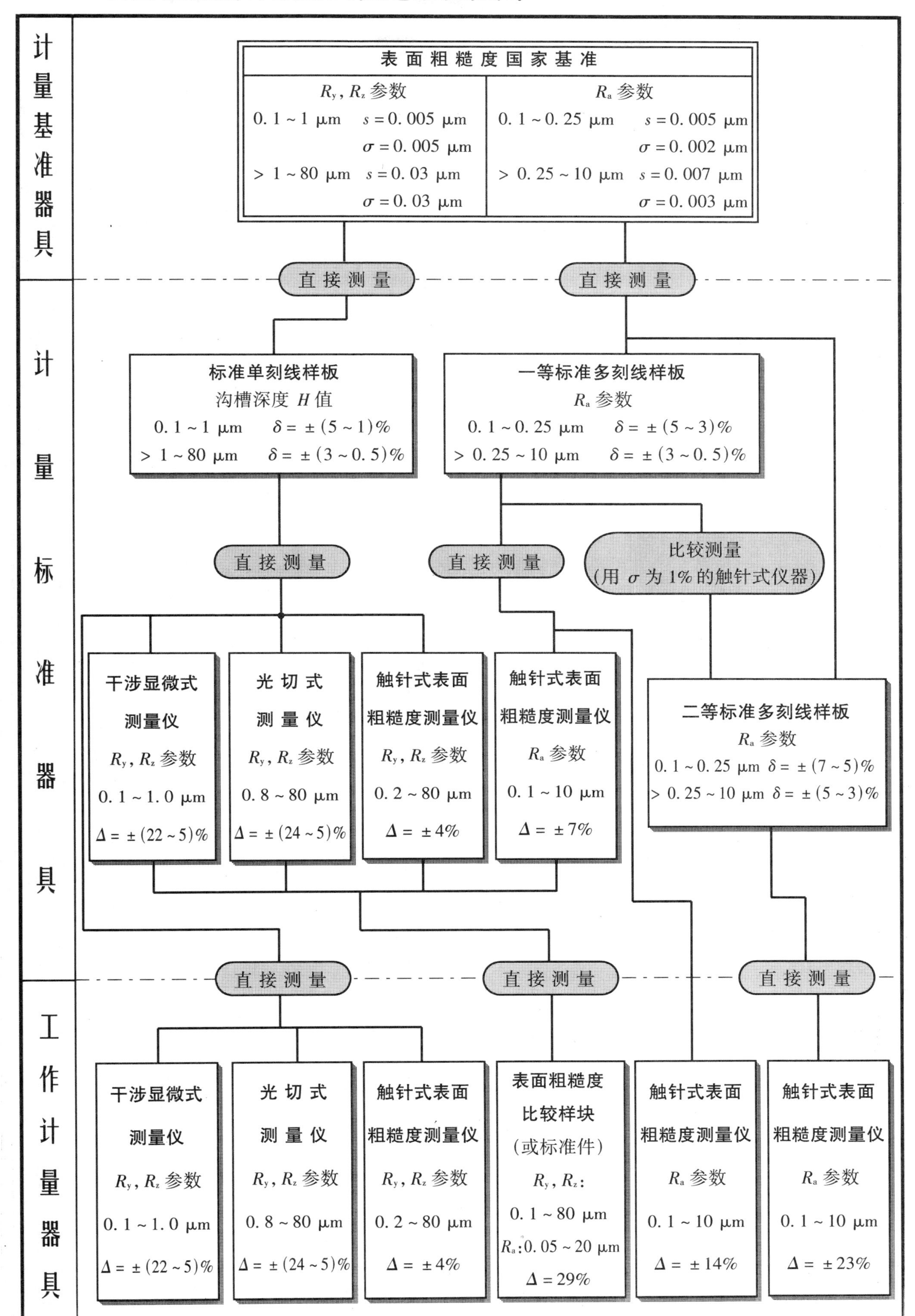

计量基准器具

表面粗糙度国家基准

R_y, R_z 参数	R_a 参数
0.1 ~ 1 μm s = 0.005 μm	0.1 ~ 0.25 μm s = 0.005 μm
σ = 0.005 μm	σ = 0.002 μm
> 1 ~ 80 μm s = 0.03 μm	> 0.25 ~ 10 μm s = 0.007 μm
σ = 0.03 μm	σ = 0.003 μm

直接测量   直接测量

计量标准器具

标准单刻线样板
沟槽深度 H 值
0.1 ~ 1 μm   δ = ±(5 ~ 1)%
> 1 ~ 80 μm   δ = ±(3 ~ 0.5)%

一等标准多刻线样板
R_a 参数
0.1 ~ 0.25 μm   δ = ±(5 ~ 3)%
> 0.25 ~ 10 μm   δ = ±(3 ~ 0.5)%

直接测量   直接测量   比较测量
（用 σ 为 1% 的触针式仪器）

干涉显微式
测量仪
R_y, R_z 参数
0.1 ~ 1.0 μm
Δ = ±(22 ~ 5)%

光切式
测量仪
R_y, R_z 参数
0.8 ~ 80 μm
Δ = ±(24 ~ 5)%

触针式表面
粗糙度测量仪
R_y, R_z 参数
0.2 ~ 80 μm
Δ = ±4%

触针式表面
粗糙度测量仪
R_a 参数
0.1 ~ 10 μm
Δ = ±7%

二等标准多刻线样板
R_a 参数
0.1 ~ 0.25 μm   δ = ±(7 ~ 5)%
> 0.25 ~ 10 μm   δ = ±(5 ~ 3)%

直接测量   直接测量   直接测量

工作计量器具

干涉显微式
测量仪
R_y, R_z 参数
0.1 ~ 1.0 μm
Δ = ±(22 ~ 5)%

光切式
测量仪
R_y, R_z 参数
0.8 ~ 80 μm
Δ = ±(24 ~ 5)%

触针式表面
粗糙度测量仪
R_y, R_z 参数
0.2 ~ 80 μm
Δ = ±4%

表面粗糙度
比较样块
（或标准件）
R_y, R_z：
0.1 ~ 80 μm
R_a：0.05 ~ 20 μm
Δ = 29%

触针式表面
粗糙度测量仪
R_a 参数
0.1 ~ 10 μm
Δ = ±14%

触针式表面
粗糙度测量仪
R_a 参数
0.1 ~ 10 μm
Δ = ±23%

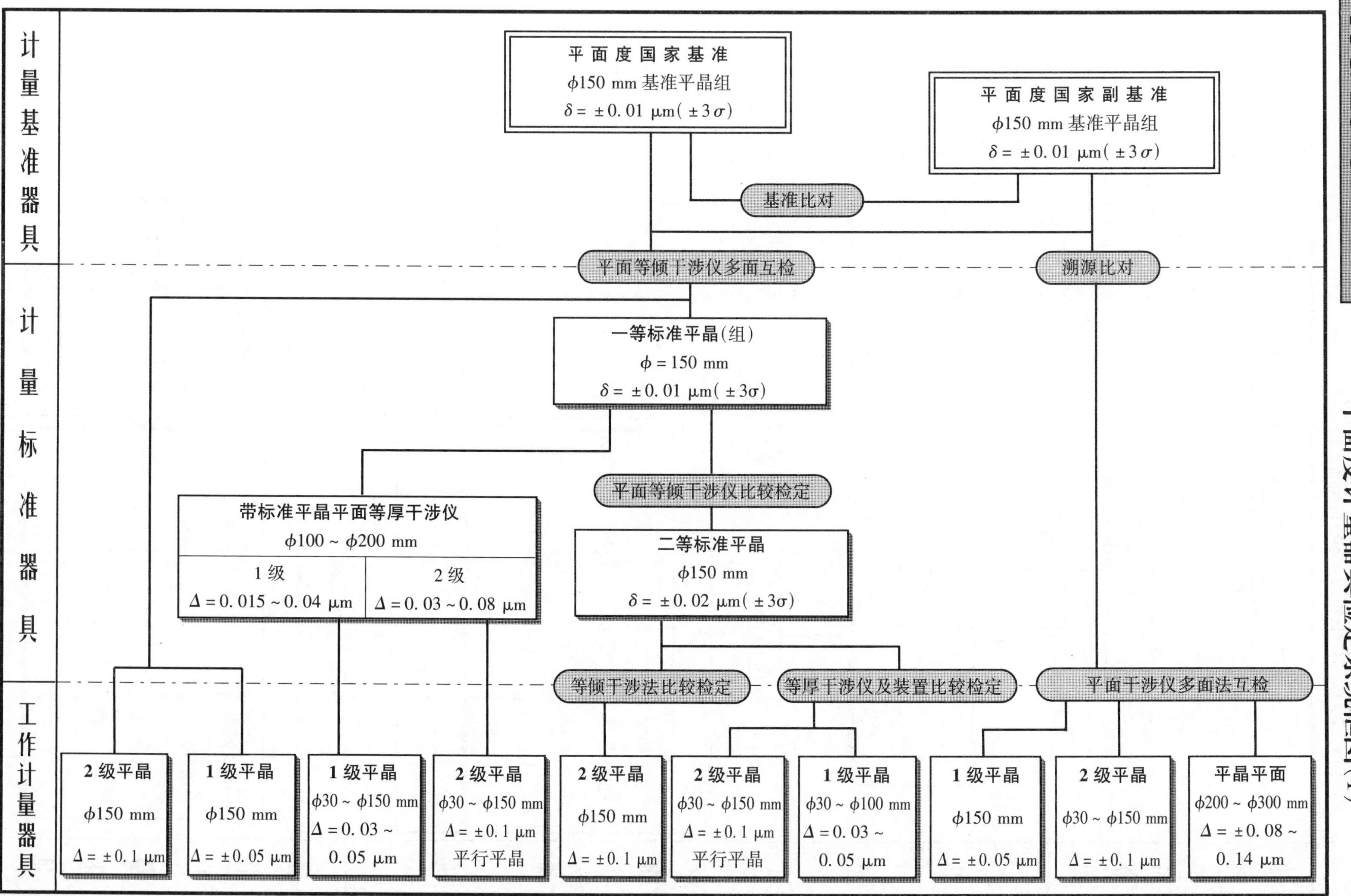

平面度计量器具检定系统框图(2)

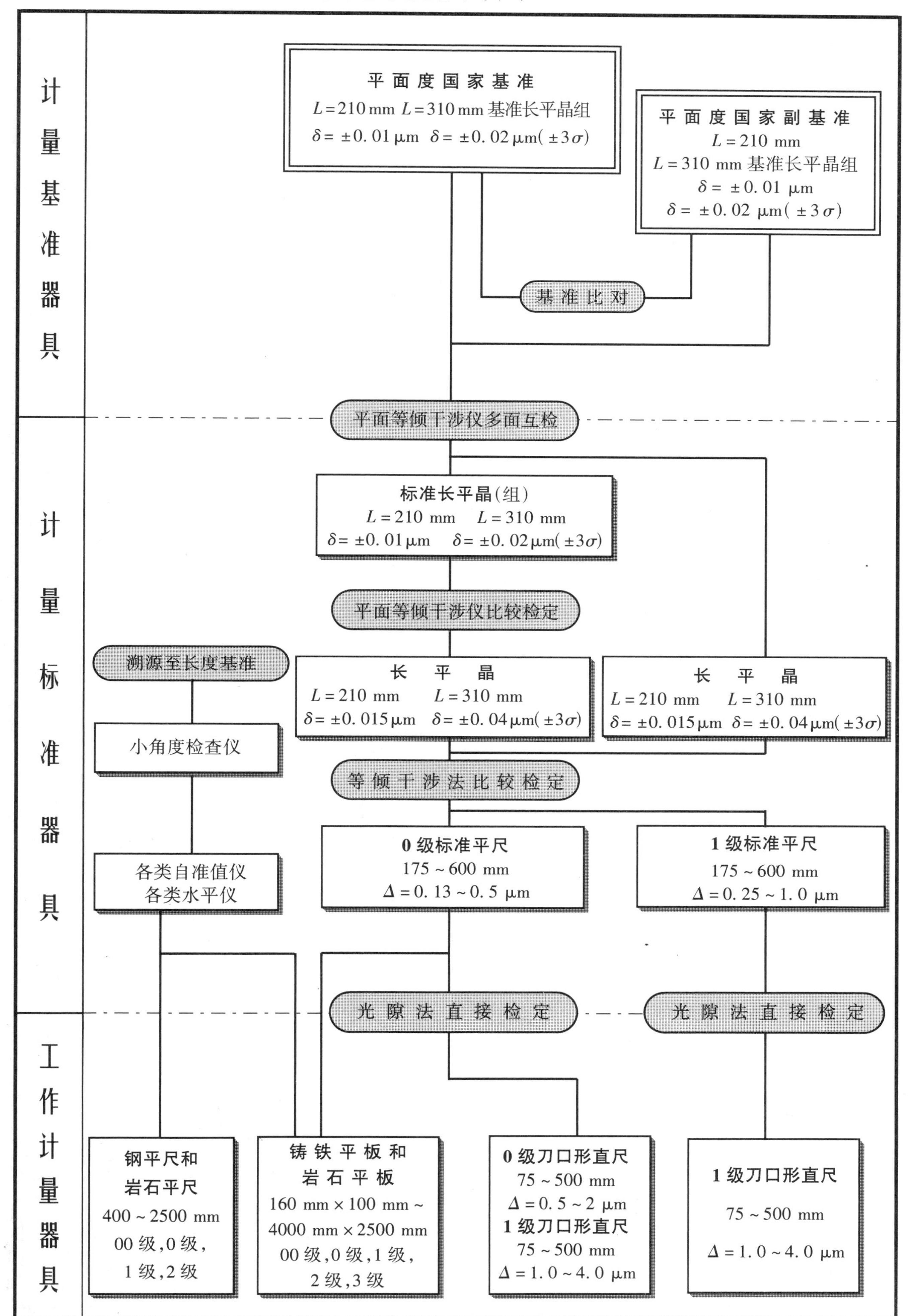

计量基准器具

平面度国家基准
$L=210$ mm $L=310$ mm 基准长平晶组
$\delta=\pm0.01\,\mu$m $\delta=\pm0.02\,\mu$m($\pm3\sigma$)

平面度国家副基准
$L=210$ mm
$L=310$ mm 基准长平晶组
$\delta=\pm0.01\,\mu$m
$\delta=\pm0.02\,\mu$m($\pm3\sigma$)

基准比对

计量标准器具

平面等倾干涉仪多面互检

标准长平晶(组)
$L=210$ mm $L=310$ mm
$\delta=\pm0.01\,\mu$m $\delta=\pm0.02\,\mu$m($\pm3\sigma$)

平面等倾干涉仪比较检定

溯源至长度基准

小角度检查仪

长平晶
$L=210$ mm $L=310$ mm
$\delta=\pm0.015\,\mu$m $\delta=\pm0.04\,\mu$m($\pm3\sigma$)

长平晶
$L=210$ mm $L=310$ mm
$\delta=\pm0.015\,\mu$m $\delta=\pm0.04\,\mu$m($\pm3\sigma$)

等倾干涉法比较检定

各类自准值仪
各类水平仪

0级标准平尺
$175\sim600$ mm
$\Delta=0.13\sim0.5\,\mu$m

1级标准平尺
$175\sim600$ mm
$\Delta=0.25\sim1.0\,\mu$m

工作计量器具

光隙法直接检定

光隙法直接检定

钢平尺和
岩石平尺
$400\sim2500$ mm
00级,0级,
1级,2级

铸铁平板和
岩石平板
160 mm×100 mm~
4000 mm×2500 mm
00级,0级,1级,
2级,3级

0级刀口形直尺
$75\sim500$ mm
$\Delta=0.5\sim2\,\mu$m
1级刀口形直尺
$75\sim500$ mm
$\Delta=1.0\sim4.0\,\mu$m

1级刀口形直尺
$75\sim500$ mm
$\Delta=1.0\sim4.0\,\mu$m

273.15～903.89K(0～630.74℃)
温度计量器具检定系统框图

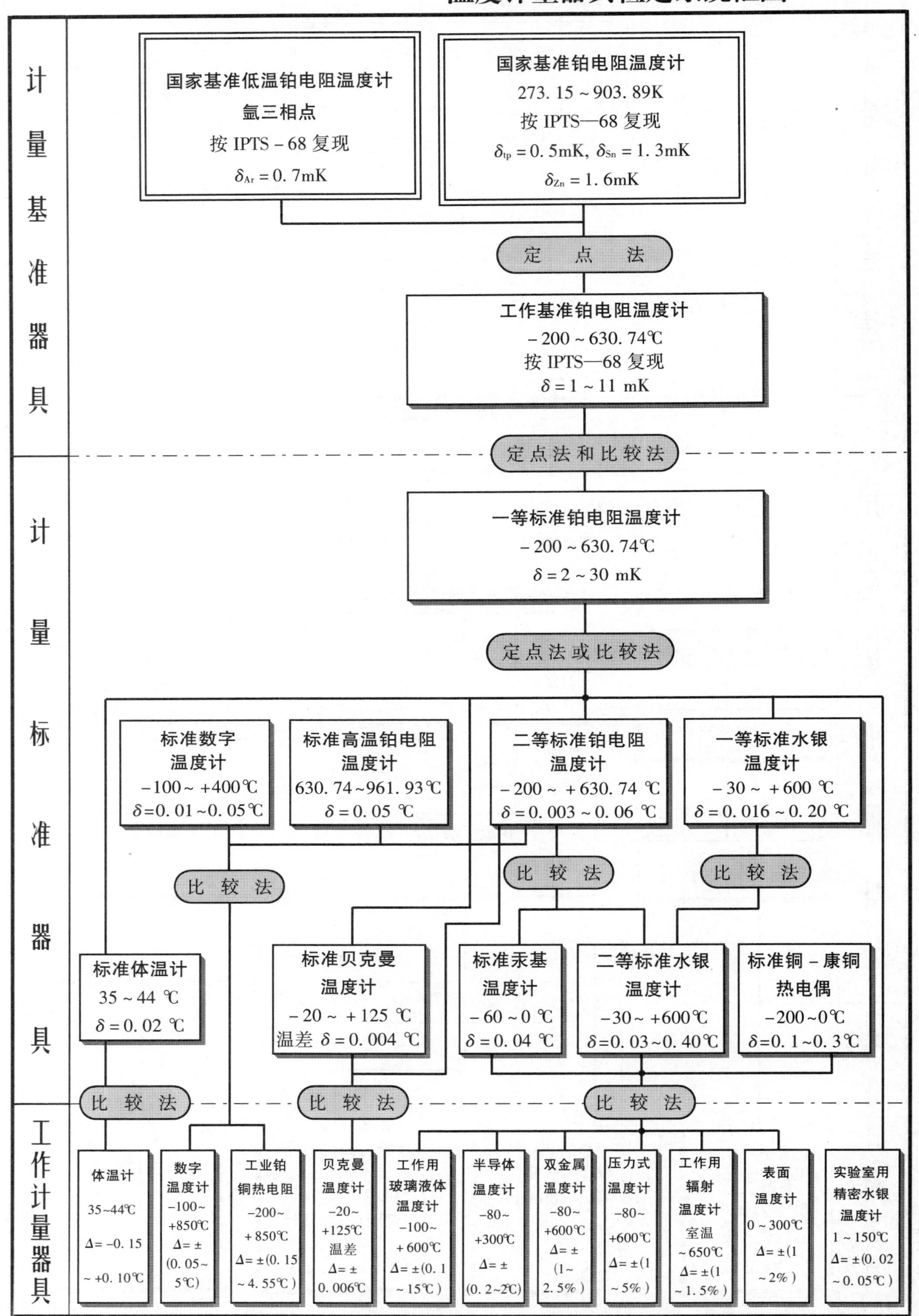

计量基准器具

国家基准低温铂电阻温度计
氩三相点
按 IPTS－68 复现
$\delta_{Ar} = 0.7mK$

国家基准铂电阻温度计
273.15～903.89K
按 IPTS—68 复现
$\delta_{tp} = 0.5mK$，$\delta_{Sn} = 1.3mK$
$\delta_{Zn} = 1.6mK$

定　点　法

工作基准铂电阻温度计
－200～630.74℃
按 IPTS—68 复现
$\delta = 1～11\ mK$

定点法和比较法

计量标准器具

一等标准铂电阻温度计
－200～630.74℃
$\delta = 2～30\ mK$

定点法或比较法

标准数字
温度计
－100～＋400℃
$\delta = 0.01～0.05℃$

标准高温铂电阻
温度计
630.74～961.93℃
$\delta = 0.05℃$

二等标准铂电阻
温度计
－200～＋630.74℃
$\delta = 0.003～0.06℃$

一等标准水银
温度计
－30～＋600℃
$\delta = 0.016～0.20℃$

比　较　法

比　较　法

比　较　法

标准体温计
35～44℃
$\delta = 0.02℃$

标准贝克曼
温度计
－20～＋125℃
温差 $\delta = 0.004℃$

标准汞基
温度计
－60～0℃
$\delta = 0.04℃$

二等标准水银
温度计
－30～＋600℃
$\delta = 0.03～0.40℃$

标准铜－康铜
热电偶
－200～0℃
$\delta = 0.1～0.3℃$

比　较　法

比　较　法

比　较　法

工作计量器具

体温计
35~44℃
$\Delta = -0.15$
$～+0.10℃$

数字
温度计
－100～
＋850℃
$\Delta = \pm$
(0.05～
5℃)

工业铂
铜热电阻
－200～
＋850℃
$\Delta = \pm$(0.15
～4.55℃)

贝克曼
温度计
－20～
＋125℃
温差
$\Delta = \pm$
0.006℃

工作用
玻璃液体
温度计
－100～
＋600℃
$\Delta = \pm$(0.1
～15℃)

半导体
温度计
－80～
＋300℃
$\Delta = \pm$
(0.2～2℃)

双金属
温度计
－80～
＋600℃
$\Delta = \pm$
(1～
2.5%)

压力式
温度计
－80～
＋600℃
$\Delta = \pm$(1
～5%)

工作用
辐射
温度计
室温
～650℃
$\Delta = \pm$(1
～1.5%)

表面
温度计
0～300℃
$\Delta = \pm$(1
～2%)

实验室用
精密水银
温度计
1～150℃
$\Delta = \pm$(0.02
～0.05℃)

磁通计量器具检定系统框图

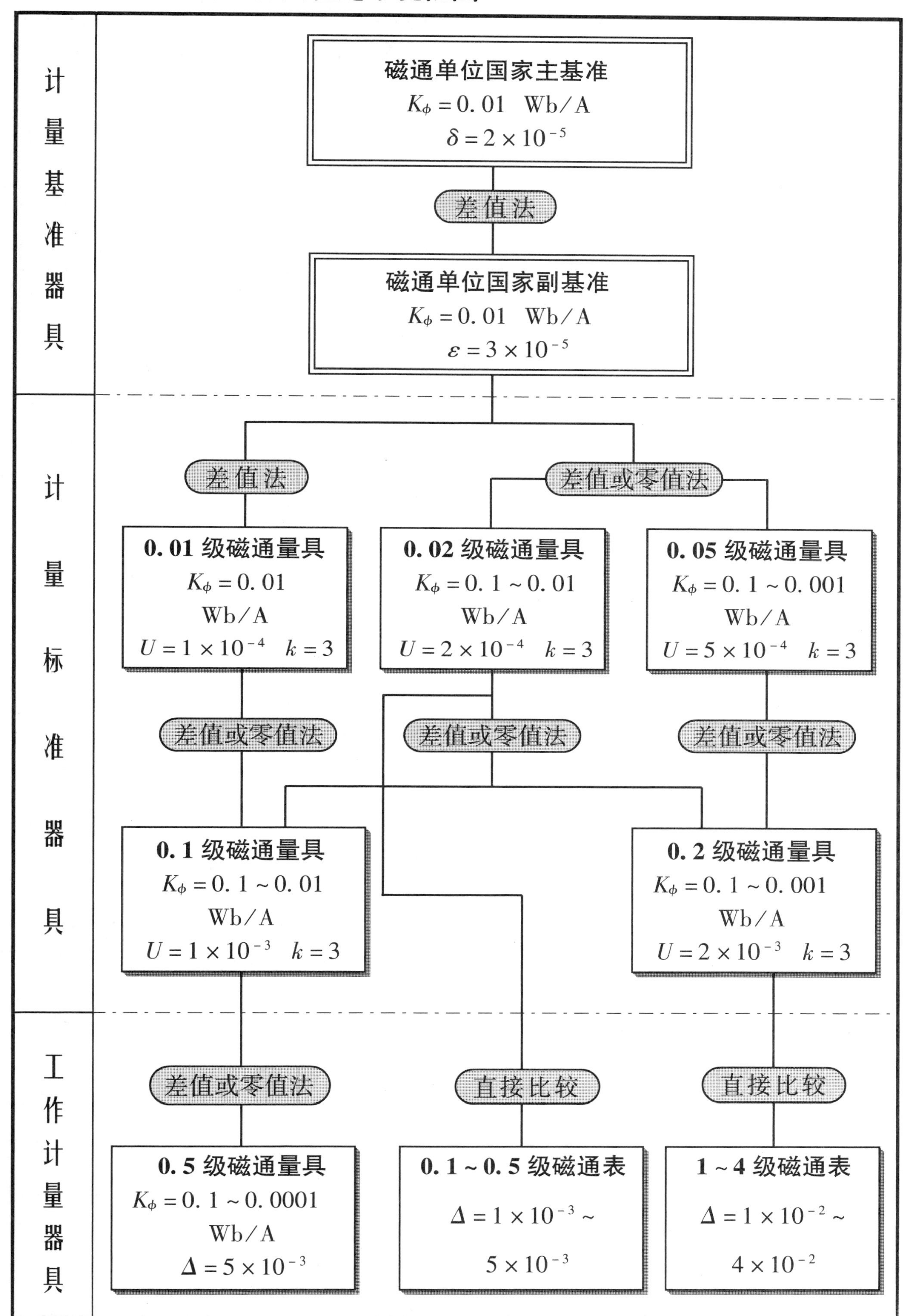

计量基准器具

磁通单位国家主基准
$K_\phi = 0.01$ Wb/A
$\delta = 2 \times 10^{-5}$

差值法

磁通单位国家副基准
$K_\phi = 0.01$ Wb/A
$\varepsilon = 3 \times 10^{-5}$

计量标准器具

差值法

差值或零值法

0.01 级磁通量具
$K_\phi = 0.01$
Wb/A
$U = 1 \times 10^{-4}$ $k = 3$

0.02 级磁通量具
$K_\phi = 0.1 \sim 0.01$
Wb/A
$U = 2 \times 10^{-4}$ $k = 3$

0.05 级磁通量具
$K_\phi = 0.1 \sim 0.001$
Wb/A
$U = 5 \times 10^{-4}$ $k = 3$

差值或零值法

差值或零值法

差值或零值法

0.1 级磁通量具
$K_\phi = 0.1 \sim 0.01$
Wb/A
$U = 1 \times 10^{-3}$ $k = 3$

0.2 级磁通量具
$K_\phi = 0.1 \sim 0.001$
Wb/A
$U = 2 \times 10^{-3}$ $k = 3$

工作计量器具

差值或零值法

直接比较

直接比较

0.5 级磁通量具
$K_\phi = 0.1 \sim 0.0001$
Wb/A
$\Delta = 5 \times 10^{-3}$

0.1 ~ 0.5 级磁通表
$\Delta = 1 \times 10^{-3} \sim$
5×10^{-3}

1 ~ 4 级磁通表
$\Delta = 1 \times 10^{-2} \sim$
4×10^{-2}

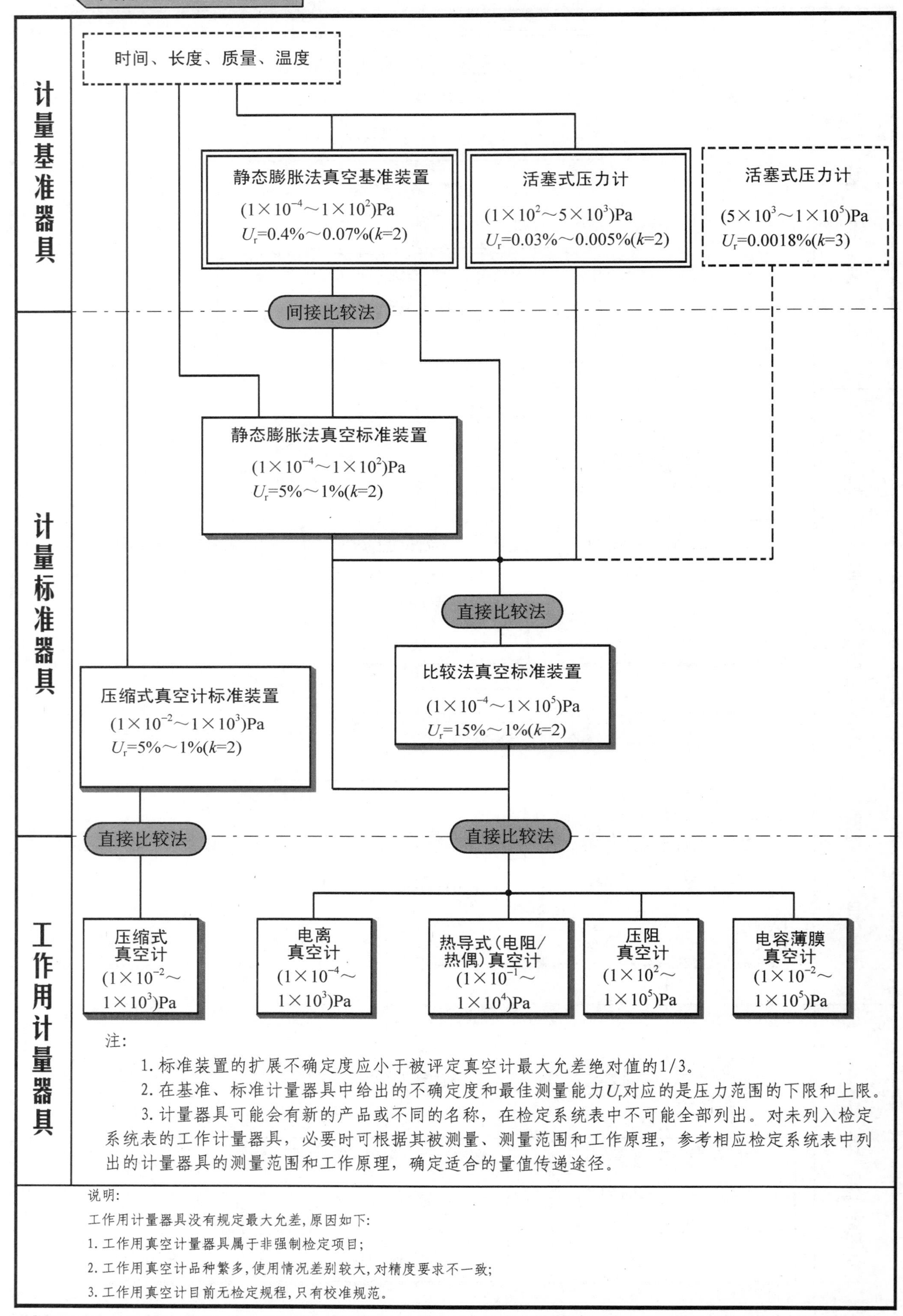

计量基准器具

时间、长度、质量、温度

静态膨胀法真空基准装置
$(1\times10^{-4}\sim1\times10^{2})Pa$
$U_r=0.4\%\sim0.07\%(k=2)$

活塞式压力计
$(1\times10^{2}\sim5\times10^{3})Pa$
$U_r=0.03\%\sim0.005\%(k=2)$

活塞式压力计
$(5\times10^{3}\sim1\times10^{5})Pa$
$U_r=0.0018\%(k=3)$

间接比较法

计量标准器具

静态膨胀法真空标准装置
$(1\times10^{-4}\sim1\times10^{2})Pa$
$U_r=5\%\sim1\%(k=2)$

直接比较法

压缩式真空计标准装置
$(1\times10^{-2}\sim1\times10^{3})Pa$
$U_r=5\%\sim1\%(k=2)$

比较法真空标准装置
$(1\times10^{-4}\sim1\times10^{5})Pa$
$U_r=15\%\sim1\%(k=2)$

直接比较法

直接比较法

工作用计量器具

压缩式真空计
$(1\times10^{-2}\sim1\times10^{3})Pa$

电离真空计
$(1\times10^{-4}\sim1\times10^{3})Pa$

热导式(电阻/热偶)真空计
$(1\times10^{-1}\sim1\times10^{4})Pa$

压阻真空计
$(1\times10^{2}\sim1\times10^{5})Pa$

电容薄膜真空计
$(1\times10^{-2}\sim1\times10^{5})Pa$

注:
1.标准装置的扩展不确定度应小于被评定真空计最大允差绝对值的1/3。
2.在基准、标准计量器具中给出的不确定度和最佳测量能力U_r对应的是压力范围的下限和上限。
3.计量器具可能会有新的产品或不同的名称,在检定系统表中不可能全部列出。对未列入检定系统表的工作计量器具,必要时可根据其被测量、测量范围和工作原理,参考相应检定系统表中列出的计量器具的测量范围和工作原理,确定适合的量值传递途径。

说明:
工作用计量器具没有规定最大允差,原因如下:
1.工作用真空计量器具属于非强制检定项目;
2.工作用真空计品种繁多,使用情况差别较大,对精度要求不一致;
3.工作用真空计目前无检定规程,只有校准规范。

压力计量器具检定系统框图

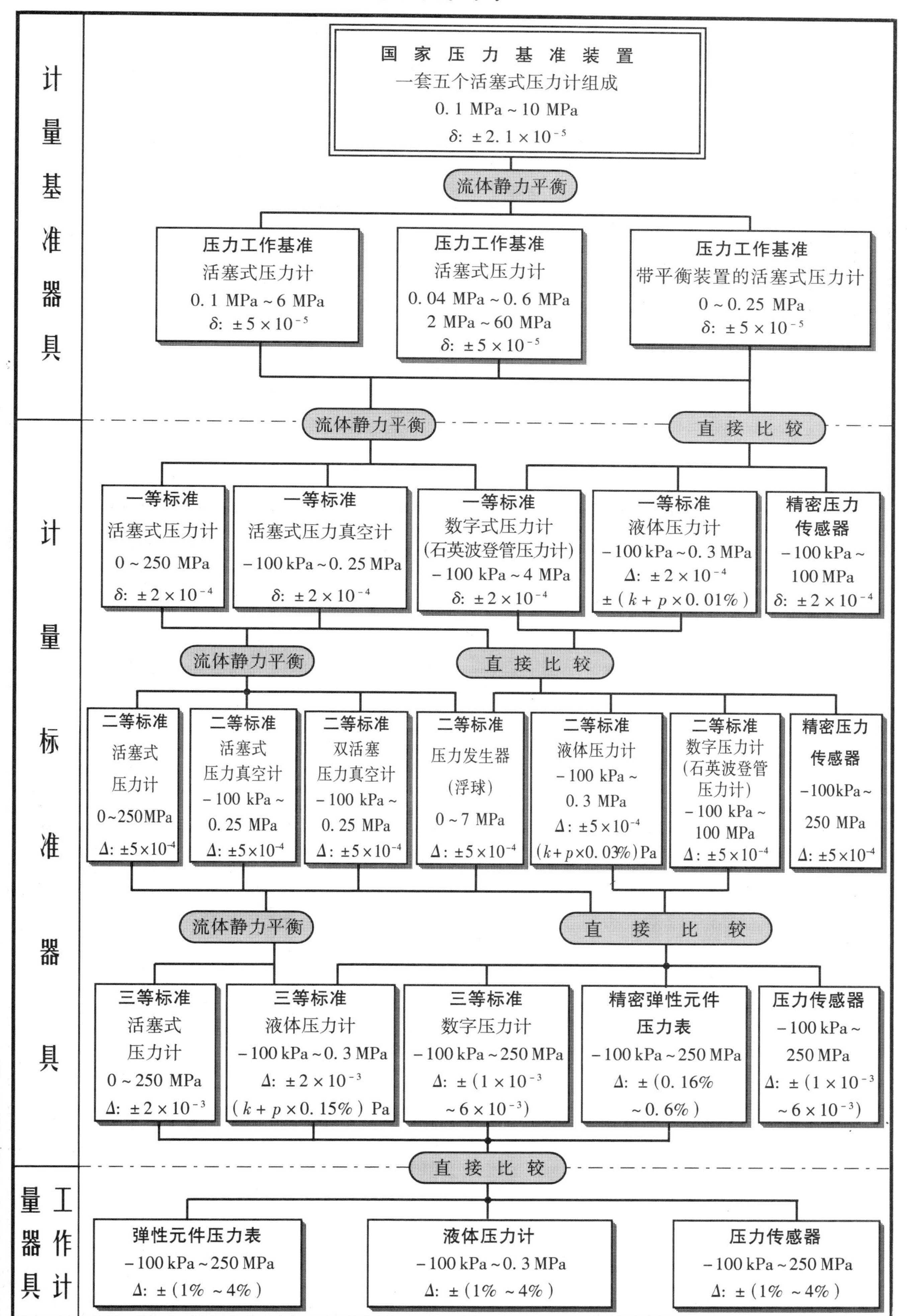

容量计量器具检定系统框图

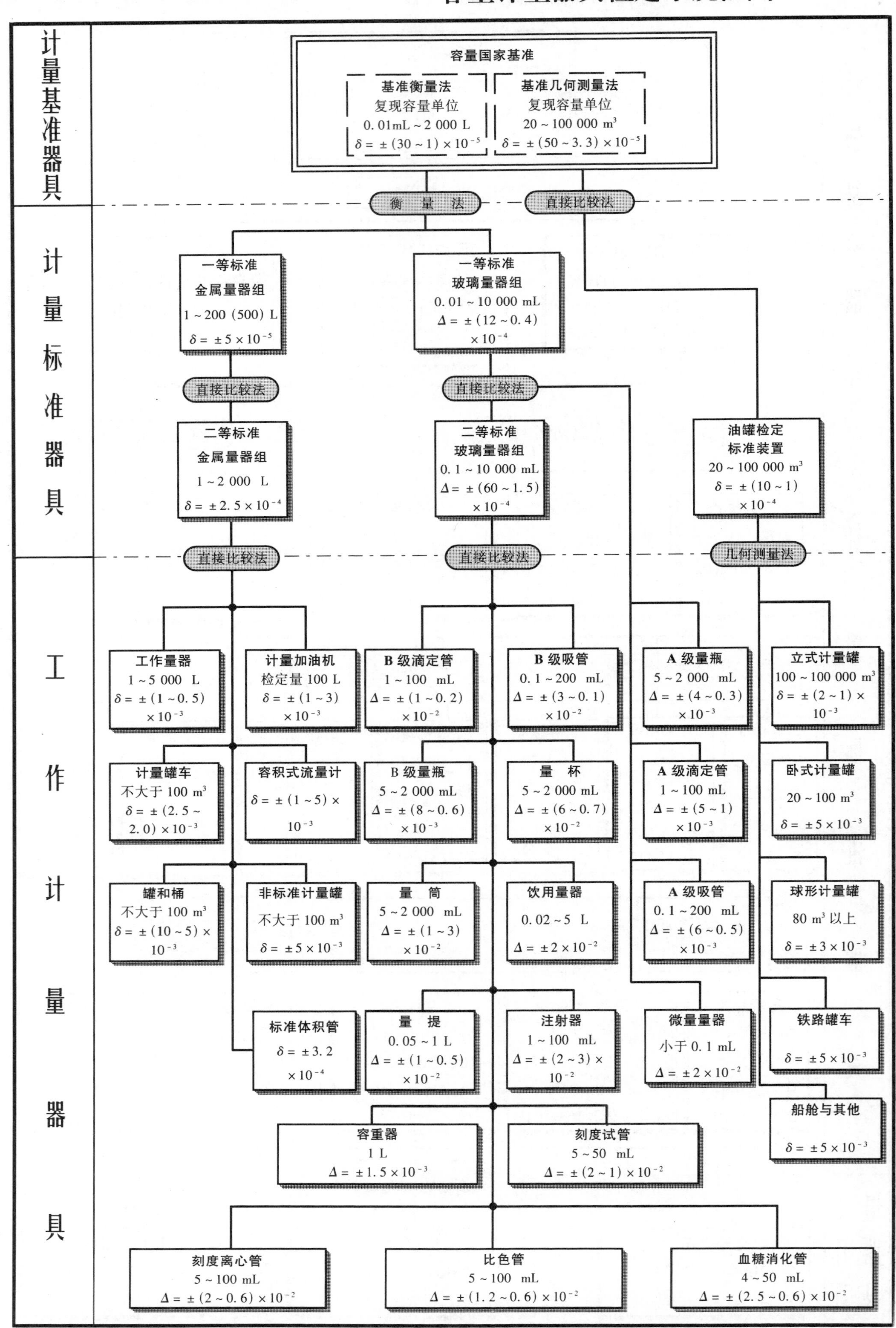

显微硬度计量器具检定系统框图

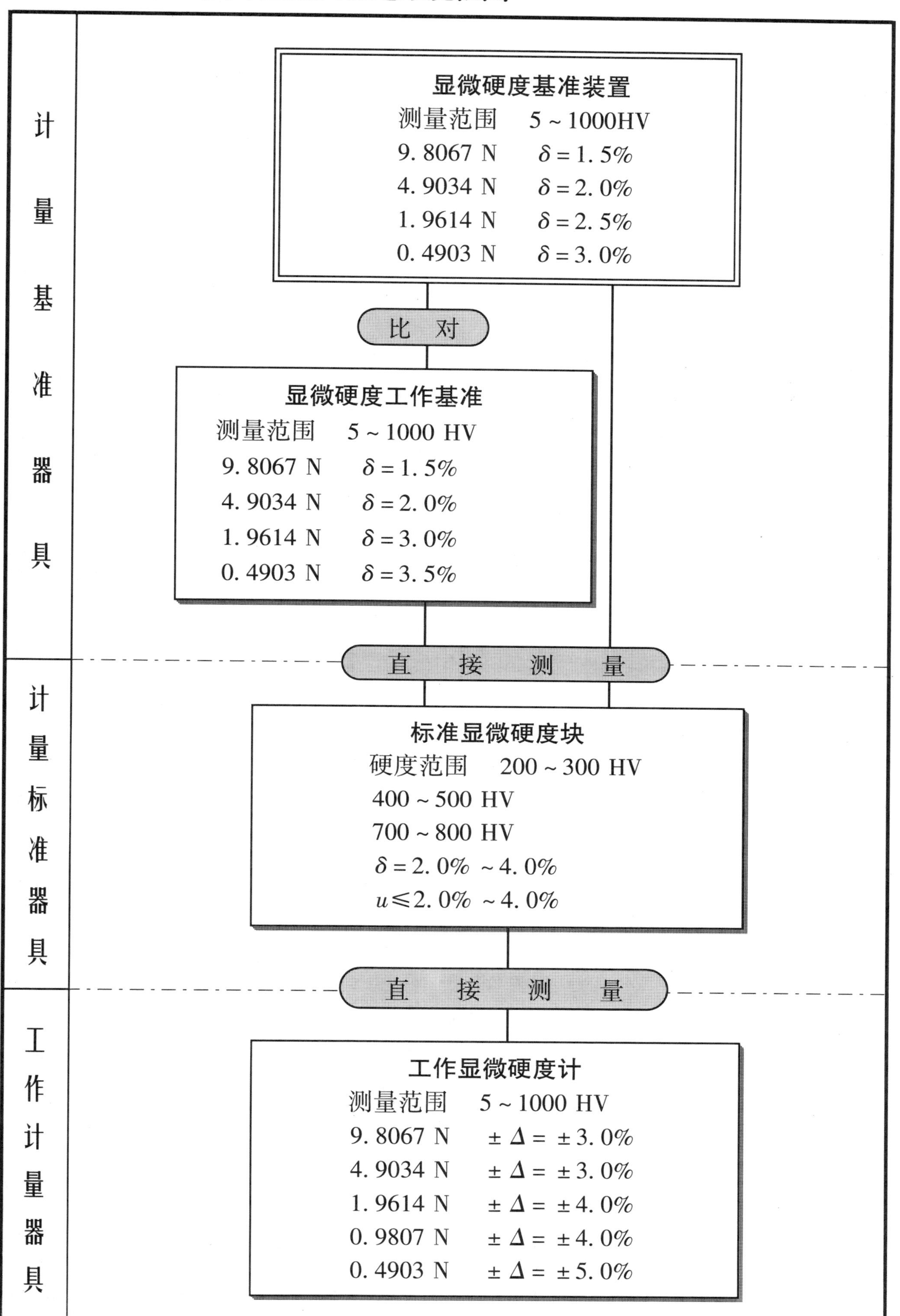

计量基准器具

显微硬度基准装置

测量范围　5～1000HV

9.8067 N	$\delta = 1.5\%$
4.9034 N	$\delta = 2.0\%$
1.9614 N	$\delta = 2.5\%$
0.4903 N	$\delta = 3.0\%$

比　对

显微硬度工作基准

测量范围　5～1000 HV

9.8067 N	$\delta = 1.5\%$
4.9034 N	$\delta = 2.0\%$
1.9614 N	$\delta = 3.0\%$
0.4903 N	$\delta = 3.5\%$

直　接　测　量

计量标准器具

标准显微硬度块

硬度范围　200～300 HV

400～500 HV

700～800 HV

$\delta = 2.0\% \sim 4.0\%$

$u \leqslant 2.0\% \sim 4.0\%$

直　接　测　量

工作计量器具

工作显微硬度计

测量范围　5～1000 HV

9.8067 N	$\pm \Delta = \pm 3.0\%$
4.9034 N	$\pm \Delta = \pm 3.0\%$
1.9614 N	$\pm \Delta = \pm 4.0\%$
0.9807 N	$\pm \Delta = \pm 4.0\%$
0.4903 N	$\pm \Delta = \pm 5.0\%$

维氏硬度计量器具检定系统框图

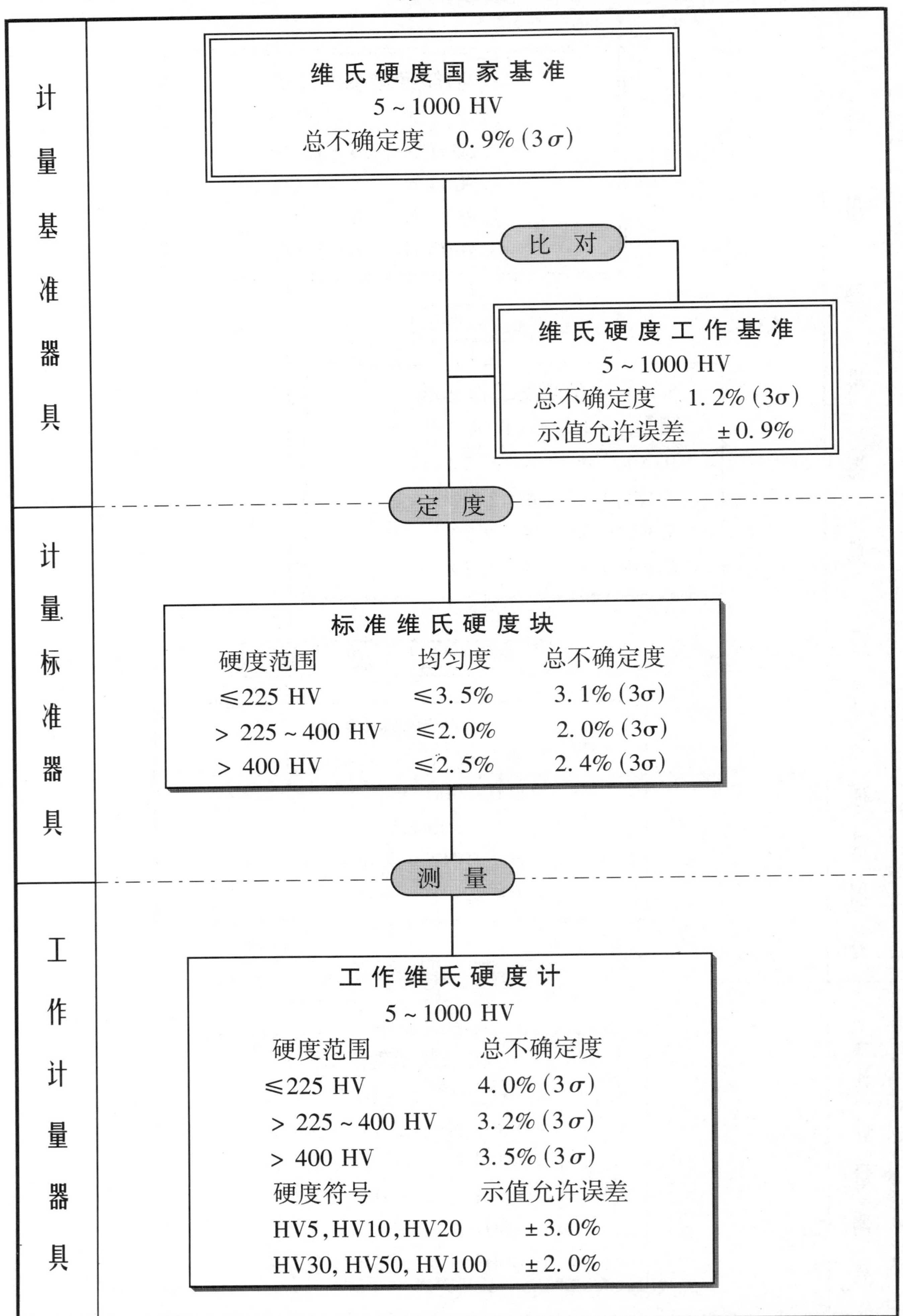

计量基准器具

维氏硬度国家基准
5～1000 HV
总不确定度　0.9%（3σ）

比　对

维氏硬度工作基准
5～1000 HV
总不确定度　1.2%（3σ）
示值允许误差　±0.9%

定　度

计量标准器具

标准维氏硬度块

硬度范围	均匀度	总不确定度
≤225 HV	≤3.5%	3.1%（3σ）
>225～400 HV	≤2.0%	2.0%（3σ）
>400 HV	≤2.5%	2.4%（3σ）

测　量

工作计量器具

工作维氏硬度计
5～1000 HV

硬度范围	总不确定度
≤225 HV	4.0%（3σ）
>225～400 HV	3.2%（3σ）
>400 HV	3.5%（3σ）

硬度符号	示值允许误差
HV5,HV10,HV20	±3.0%
HV30,HV50,HV100	±2.0%

0.001~2.0 特斯拉磁感应强度计量
器具检定系统框图

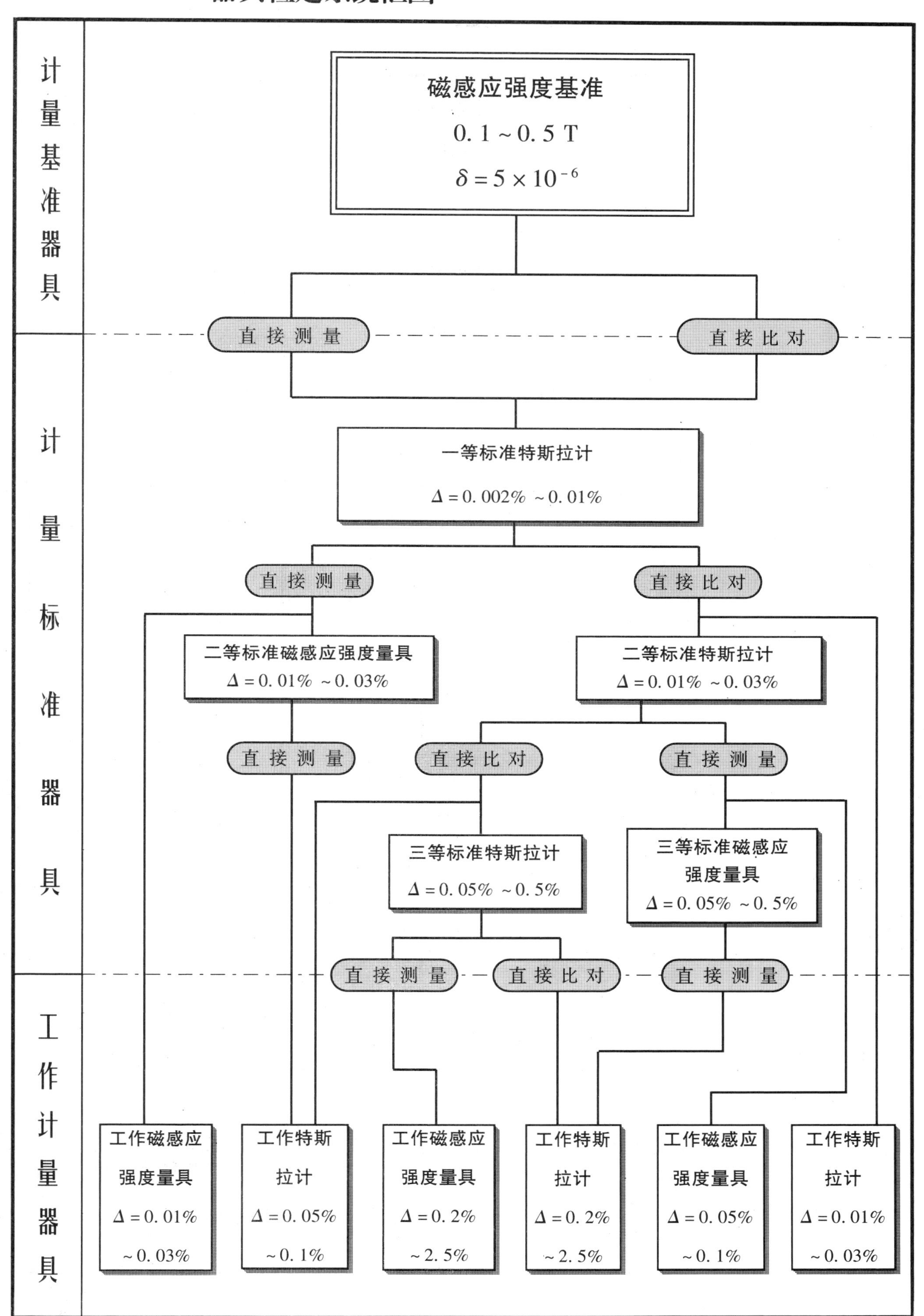

漫透射视觉密度(黑白密度)计量器具
检定系统框图

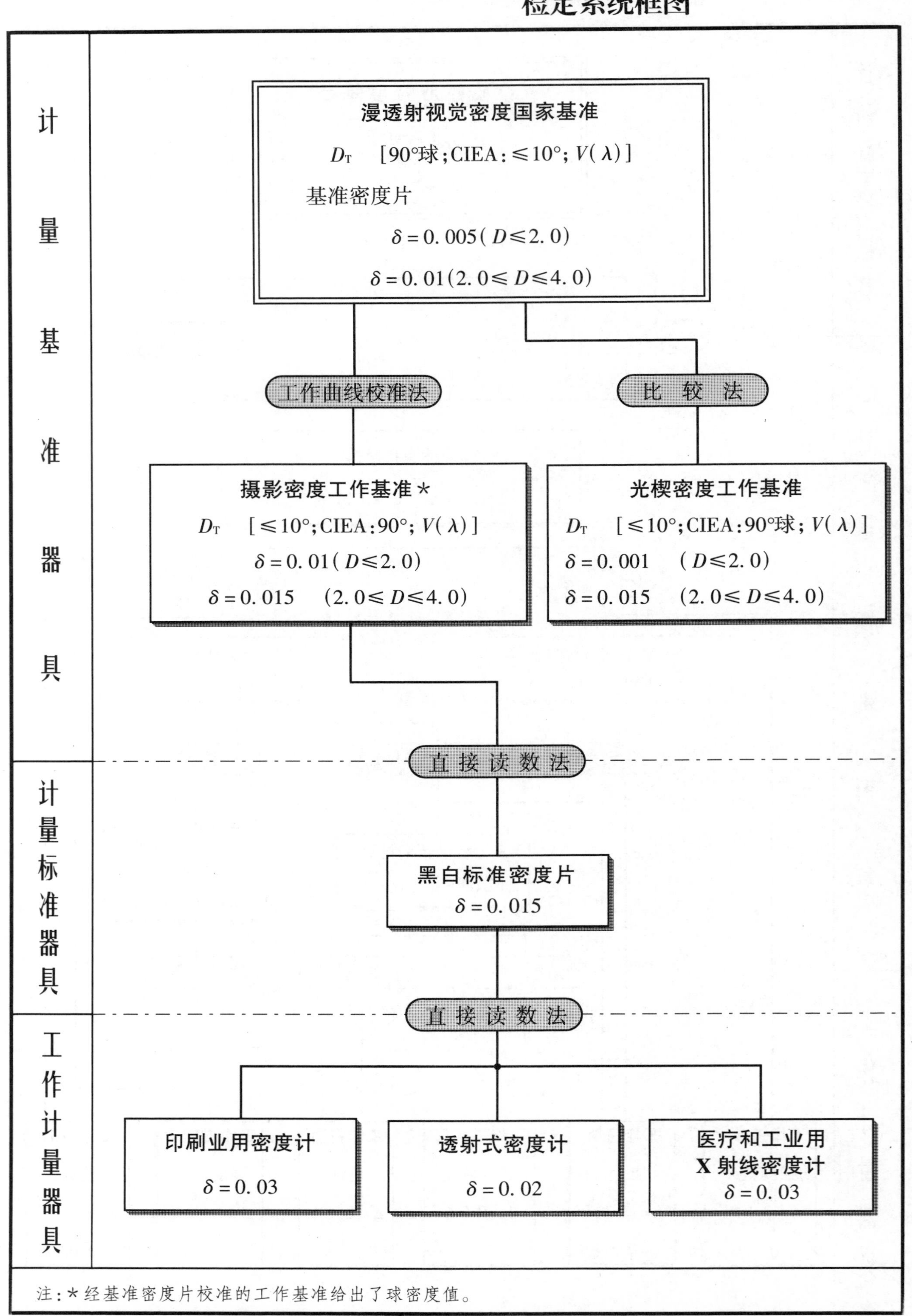

注：＊经基准密度片校准的工作基准给出了球密度值。

色度计量器具检定系统表框图

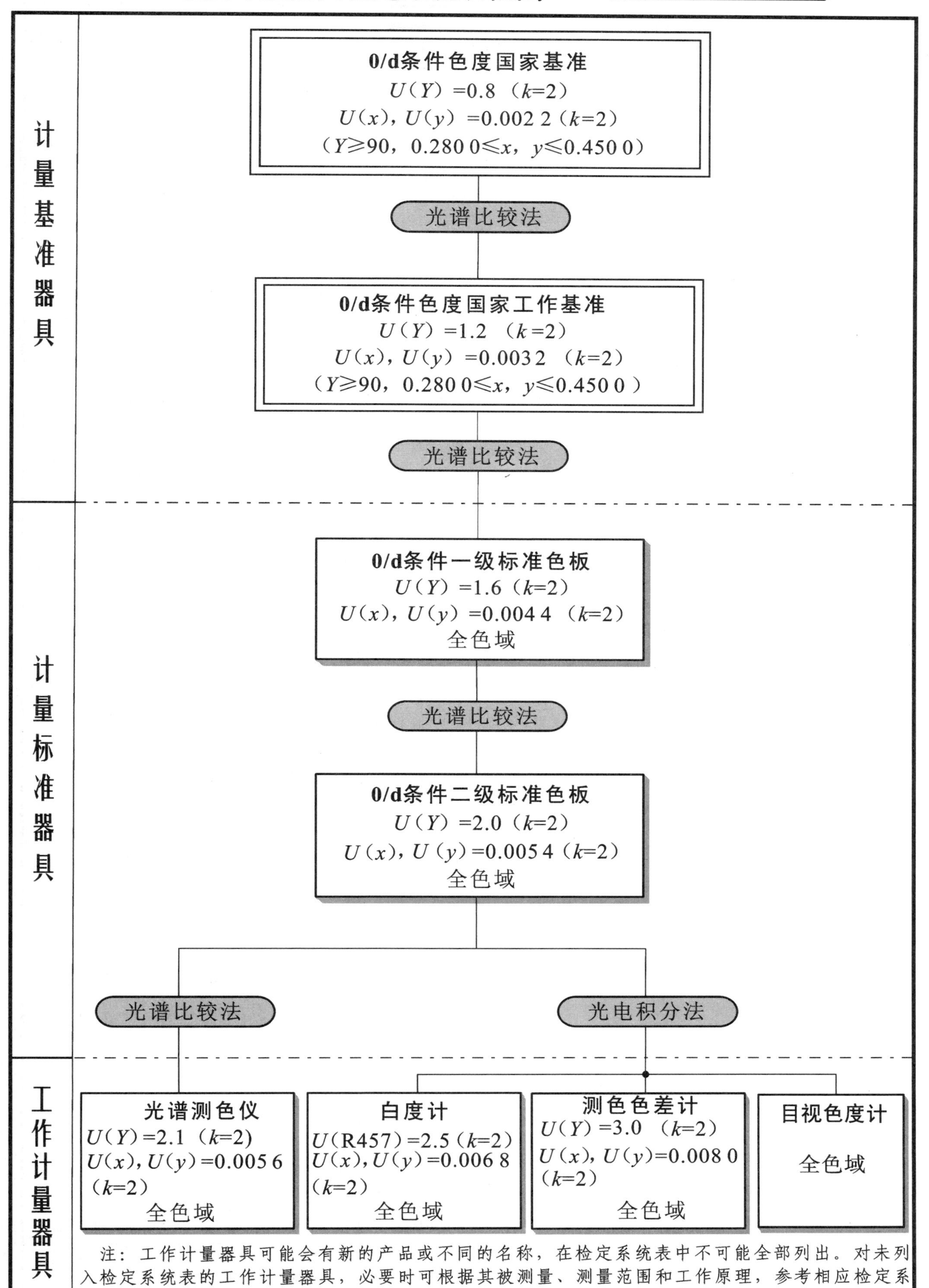

计量基准器具

0/d条件色度国家基准
$U(Y)=0.8$ （$k=2$）
$U(x), U(y)=0.002\,2$ （$k=2$）
（$Y\geqslant90$，$0.280\,0\leqslant x, y\leqslant0.450\,0$）

光谱比较法

0/d条件色度国家工作基准
$U(Y)=1.2$ （$k=2$）
$U(x), U(y)=0.003\,2$ （$k=2$）
（$Y\geqslant90$，$0.280\,0\leqslant x, y\leqslant0.450\,0$）

光谱比较法

计量标准器具

0/d条件一级标准色板
$U(Y)=1.6$（$k=2$）
$U(x), U(y)=0.004\,4$ （$k=2$）
全色域

光谱比较法

0/d条件二级标准色板
$U(Y)=2.0$（$k=2$）
$U(x), U(y)=0.005\,4$（$k=2$）
全色域

光谱比较法　　　光电积分法

工作计量器具

光谱测色仪
$U(Y)=2.1$（$k=2$）
$U(x), U(y)=0.005\,6$
（$k=2$）
全色域

白度计
$U(R457)=2.5$（$k=2$）
$U(x), U(y)=0.006\,8$
（$k=2$）
全色域

测色色差计
$U(Y)=3.0$ （$k=2$）
$U(x), U(y)=0.008\,0$
（$k=2$）
全色域

目视色度计
全色域

注：工作计量器具可能会有新的产品或不同的名称，在检定系统表中不可能全部列出。对未列入检定系统表的工作计量器具，必要时可根据其被测量、测量范围和工作原理，参考相应检定系统表中列出的工作计量器具的测量范围和工作原理，确定适合的量值传递途径。

色温度(分布温度)计量器具检定系统框图

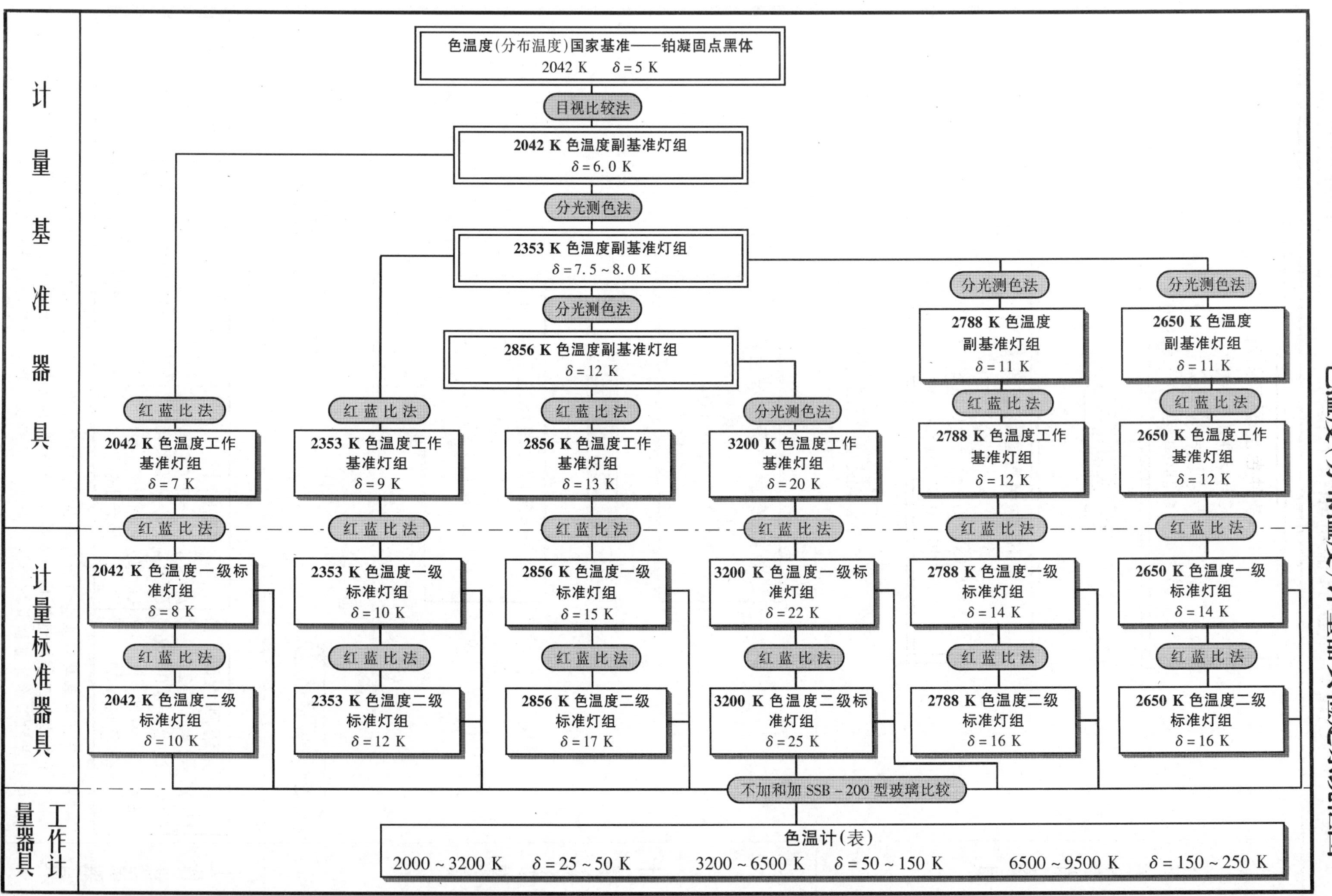

曝光量计量器具检定系统框图

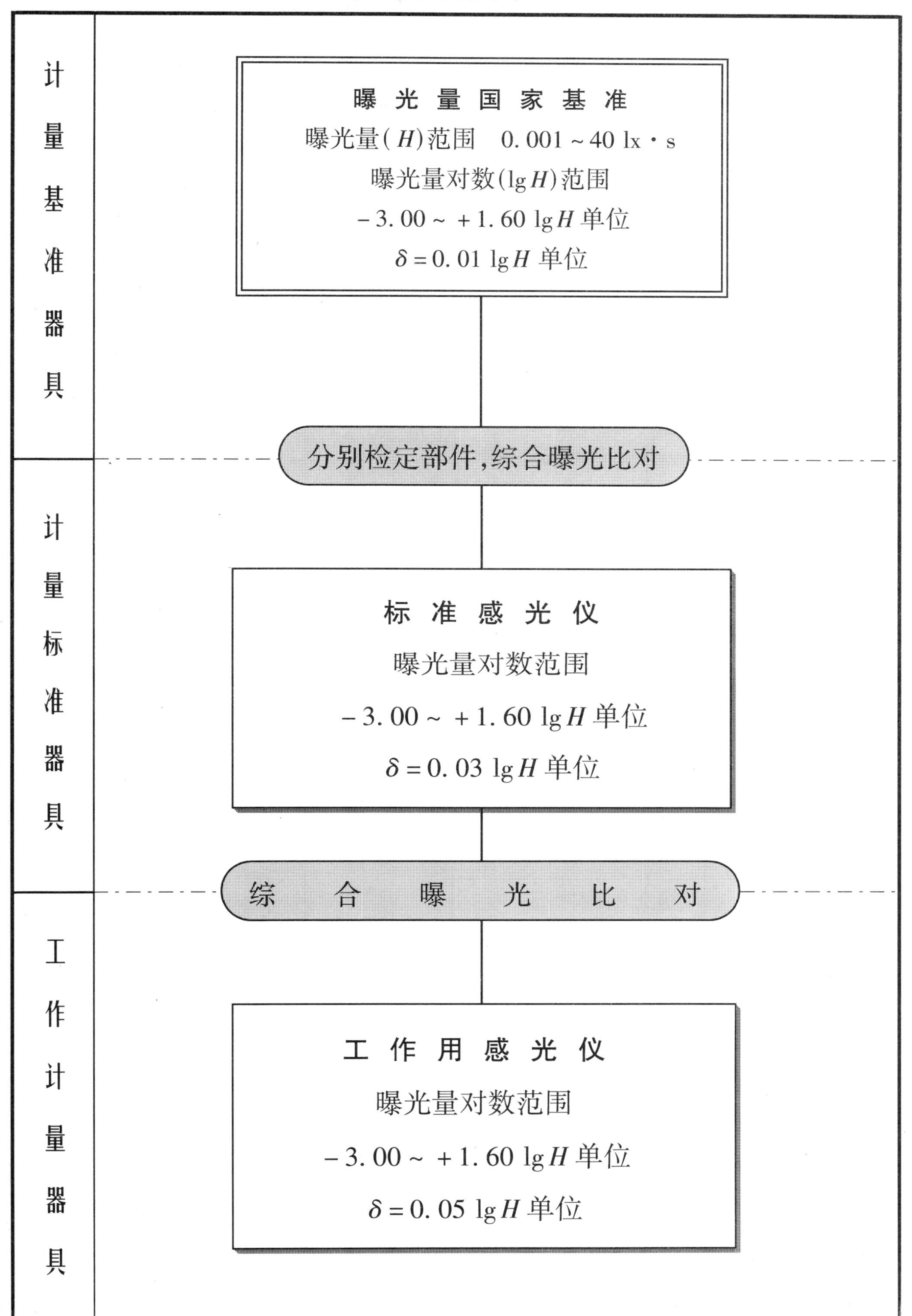

计量基准器具	**曝光量国家基准** 曝光量(H)范围　$0.001 \sim 40\,\text{lx} \cdot \text{s}$ 曝光量对数($\lg H$)范围 $-3.00 \sim +1.60\,\lg H$ 单位 $\delta = 0.01\,\lg H$ 单位

分别检定部件,综合曝光比对

计量标准器具	**标 准 感 光 仪** 曝光量对数范围 $-3.00 \sim +1.60\,\lg H$ 单位 $\delta = 0.03\,\lg H$ 单位

综 合 曝 光 比 对

工作计量器具	**工 作 用 感 光 仪** 曝光量对数范围 $-3.00 \sim +1.60\,\lg H$ 单位 $\delta = 0.05\,\lg H$ 单位

光照度计量器具检定系统表框图

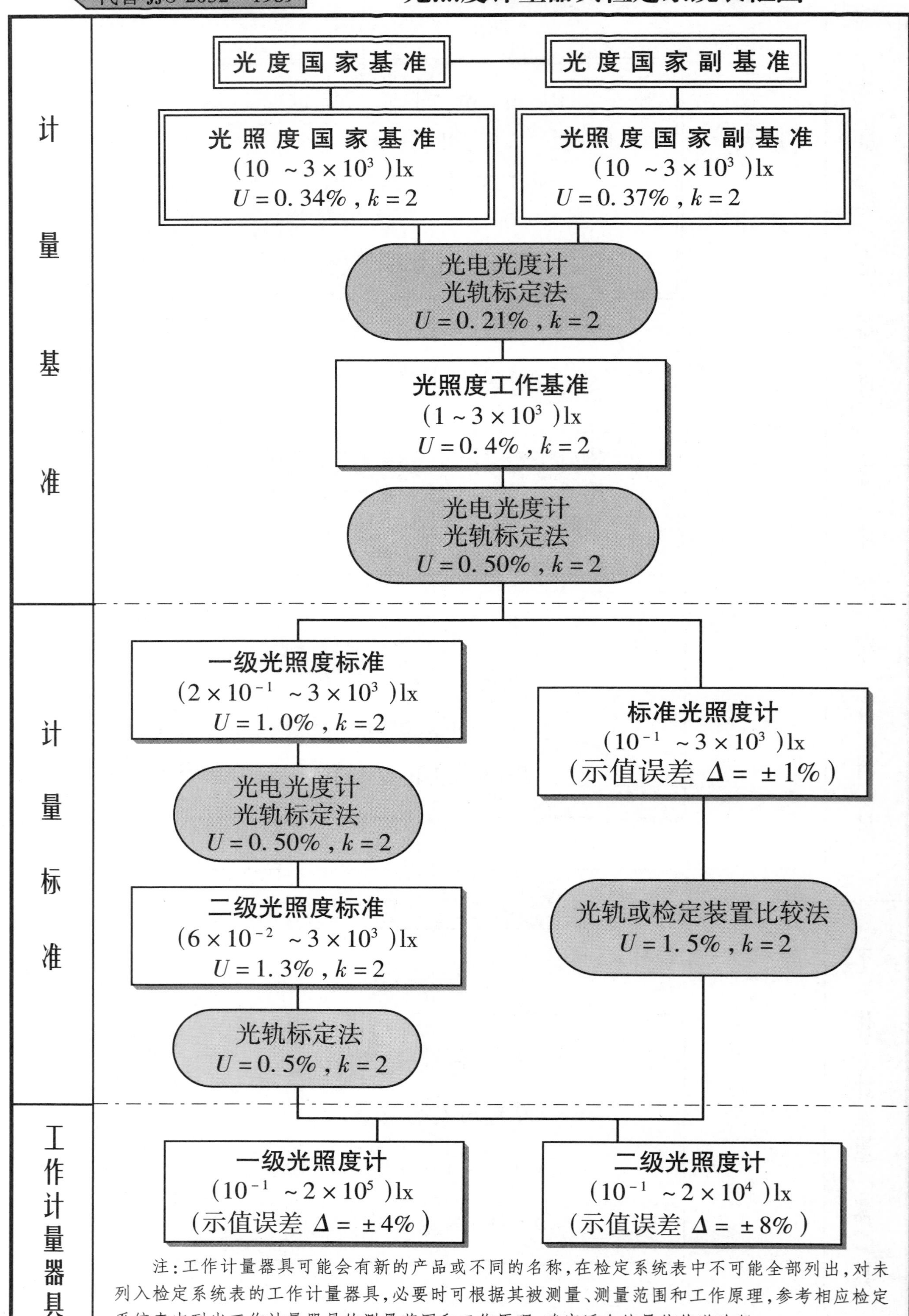

计量基准

| 光度国家基准 | 光度国家副基准 |

光照度国家基准
$(10 \sim 3 \times 10^3)\mathrm{lx}$
$U = 0.34\%, k = 2$

光照度国家副基准
$(10 \sim 3 \times 10^3)\mathrm{lx}$
$U = 0.37\%, k = 2$

光电光度计
光轨标定法
$U = 0.21\%, k = 2$

光照度工作基准
$(1 \sim 3 \times 10^3)\mathrm{lx}$
$U = 0.4\%, k = 2$

光电光度计
光轨标定法
$U = 0.50\%, k = 2$

计量标准

一级光照度标准
$(2 \times 10^{-1} \sim 3 \times 10^3)\mathrm{lx}$
$U = 1.0\%, k = 2$

光电光度计
光轨标定法
$U = 0.50\%, k = 2$

二级光照度标准
$(6 \times 10^{-2} \sim 3 \times 10^3)\mathrm{lx}$
$U = 1.3\%, k = 2$

光轨标定法
$U = 0.5\%, k = 2$

标准光照度计
$(10^{-1} \sim 3 \times 10^3)\mathrm{lx}$
（示值误差 $\Delta = \pm 1\%$）

光轨或检定装置比较法
$U = 1.5\%, k = 2$

工作计量器具

一级光照度计
$(10^{-1} \sim 2 \times 10^5)\mathrm{lx}$
（示值误差 $\Delta = \pm 4\%$）

二级光照度计
$(10^{-1} \sim 2 \times 10^4)\mathrm{lx}$
（示值误差 $\Delta = \pm 8\%$）

注:工作计量器具可能会有新的产品或不同的名称,在检定系统表中不可能全部列出,对未列入检定系统表的工作计量器具,必要时可根据其被测量、测量范围和工作原理,参考相应检定系统表中列出工作计量器具的测量范围和工作原理,确定适合的量值传递途径。

光亮度计量器具检定系统框图

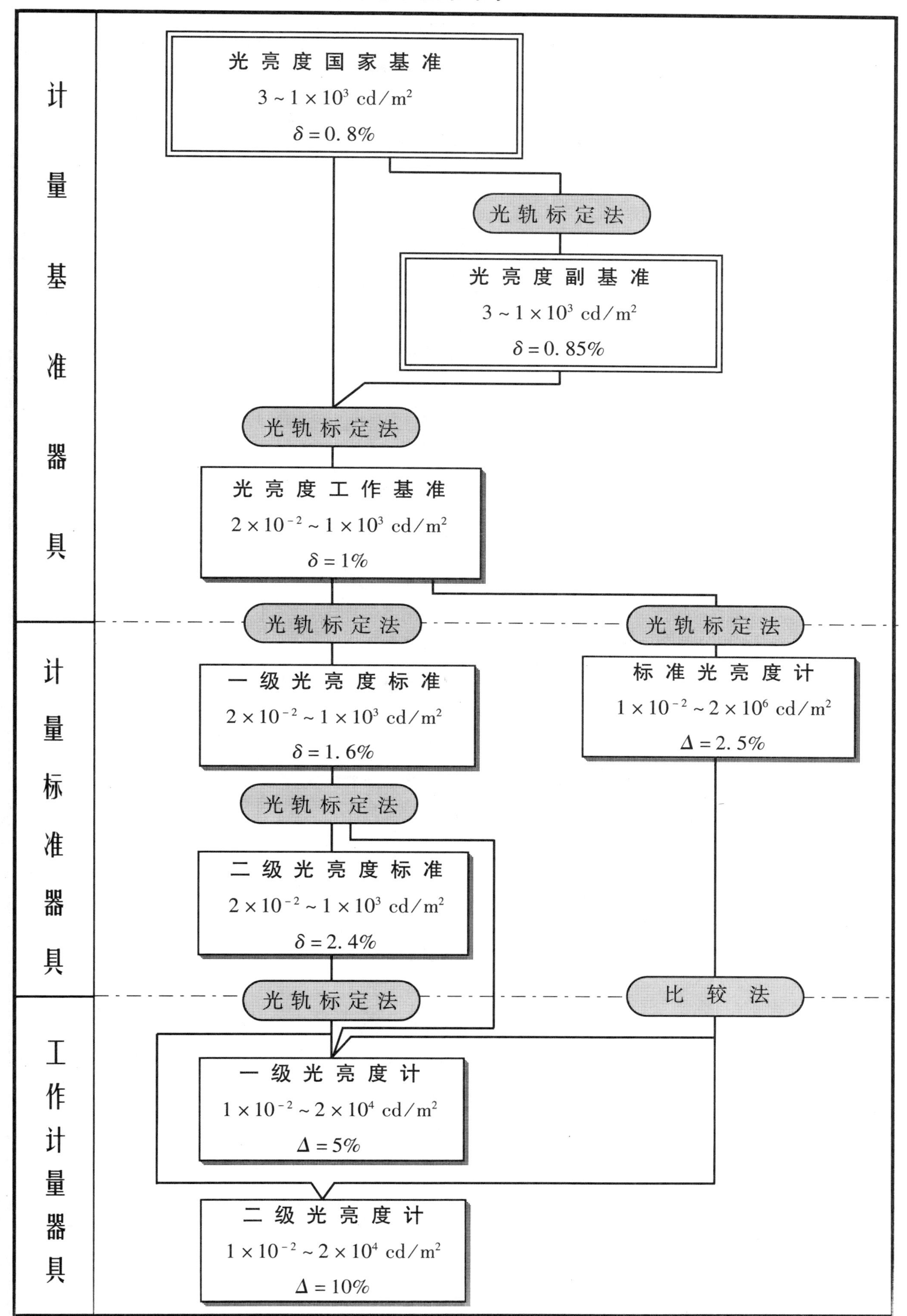

计量基准器具

光亮度国家基准
$3 \sim 1 \times 10^{3}$ cd/m²
$\delta = 0.8\%$

光轨标定法

光亮度副基准
$3 \sim 1 \times 10^{3}$ cd/m²
$\delta = 0.85\%$

光轨标定法

光亮度工作基准
$2 \times 10^{-2} \sim 1 \times 10^{3}$ cd/m²
$\delta = 1\%$

计量标准器具

光轨标定法　　　　光轨标定法

一级光亮度标准
$2 \times 10^{-2} \sim 1 \times 10^{3}$ cd/m²
$\delta = 1.6\%$

标准光亮度计
$1 \times 10^{-2} \sim 2 \times 10^{6}$ cd/m²
$\Delta = 2.5\%$

光轨标定法

二级光亮度标准
$2 \times 10^{-2} \sim 1 \times 10^{3}$ cd/m²
$\delta = 2.4\%$

工作计量器具

光轨标定法　　　　比较法

一级光亮度计
$1 \times 10^{-2} \sim 2 \times 10^{4}$ cd/m²
$\Delta = 5\%$

二级光亮度计
$1 \times 10^{-2} \sim 2 \times 10^{4}$ cd/m²
$\Delta = 10\%$

发光强度计量器具检定系统表框图

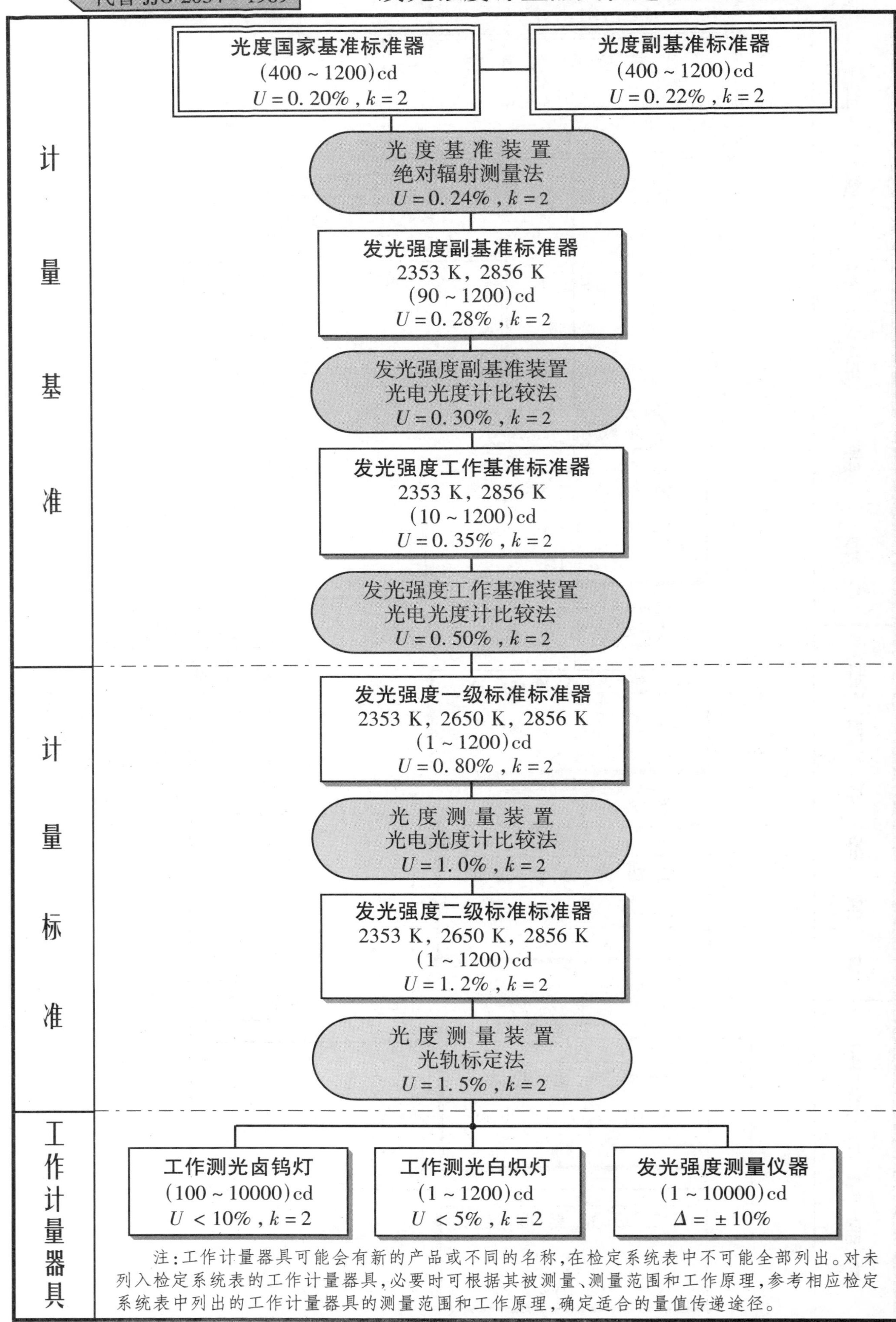

光度国家基准标准器
(400 ~ 1200)cd
$U = 0.20\%$, $k = 2$

光度副基准标准器
(400 ~ 1200)cd
$U = 0.22\%$, $k = 2$

光 度 基 准 装 置
绝对辐射测量法
$U = 0.24\%$, $k = 2$

发光强度副基准标准器
2353 K, 2856 K
(90 ~ 1200)cd
$U = 0.28\%$, $k = 2$

发光强度副基准装置
光电光度计比较法
$U = 0.30\%$, $k = 2$

发光强度工作基准标准器
2353 K, 2856 K
(10 ~ 1200)cd
$U = 0.35\%$, $k = 2$

发光强度工作基准装置
光电光度计比较法
$U = 0.50\%$, $k = 2$

发光强度一级标准标准器
2353 K, 2650 K, 2856 K
(1 ~ 1200)cd
$U = 0.80\%$, $k = 2$

光 度 测 量 装 置
光电光度计比较法
$U = 1.0\%$, $k = 2$

发光强度二级标准标准器
2353 K, 2650 K, 2856 K
(1 ~ 1200)cd
$U = 1.2\%$, $k = 2$

光 度 测 量 装 置
光轨标定法
$U = 1.5\%$, $k = 2$

工作测光卤钨灯
(100 ~ 10000)cd
$U < 10\%$, $k = 2$

工作测光白炽灯
(1 ~ 1200)cd
$U < 5\%$, $k = 2$

发光强度测量仪器
(1 ~ 10000)cd
$\Delta = \pm 10\%$

计量基准

计量标准

工作计量器具

注：工作计量器具可能会有新的产品或不同的名称,在检定系统表中不可能全部列出。对未列入检定系统表的工作计量器具,必要时可根据其被测量、测量范围和工作原理,参考相应检定系统表中列出的工作计量器具的测量范围和工作原理,确定适合的量值传递途径。

总光通量计量器具检定系统框图

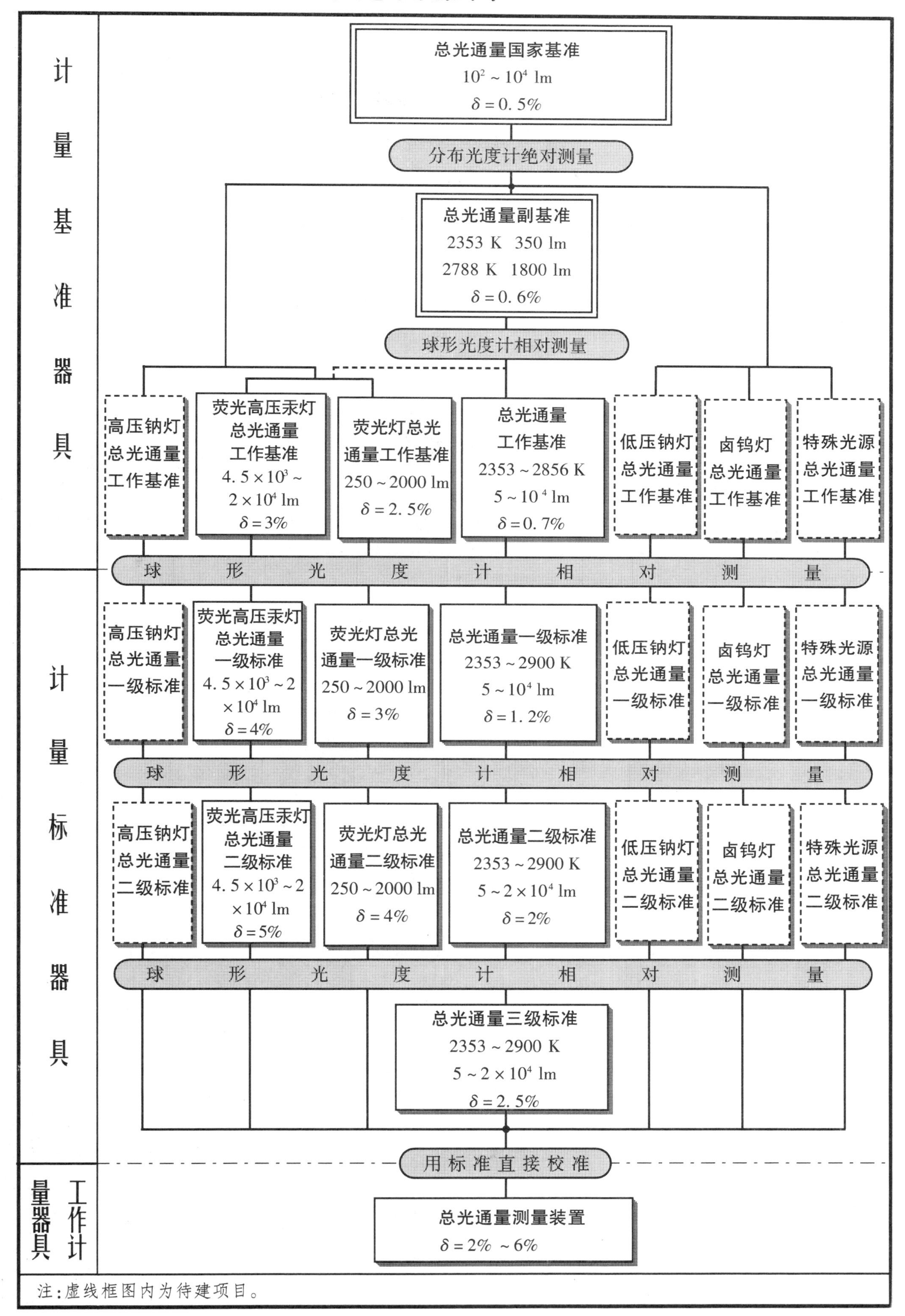

注:虚线框图内为待建项目。

弱光光度计量器具检定系统框图

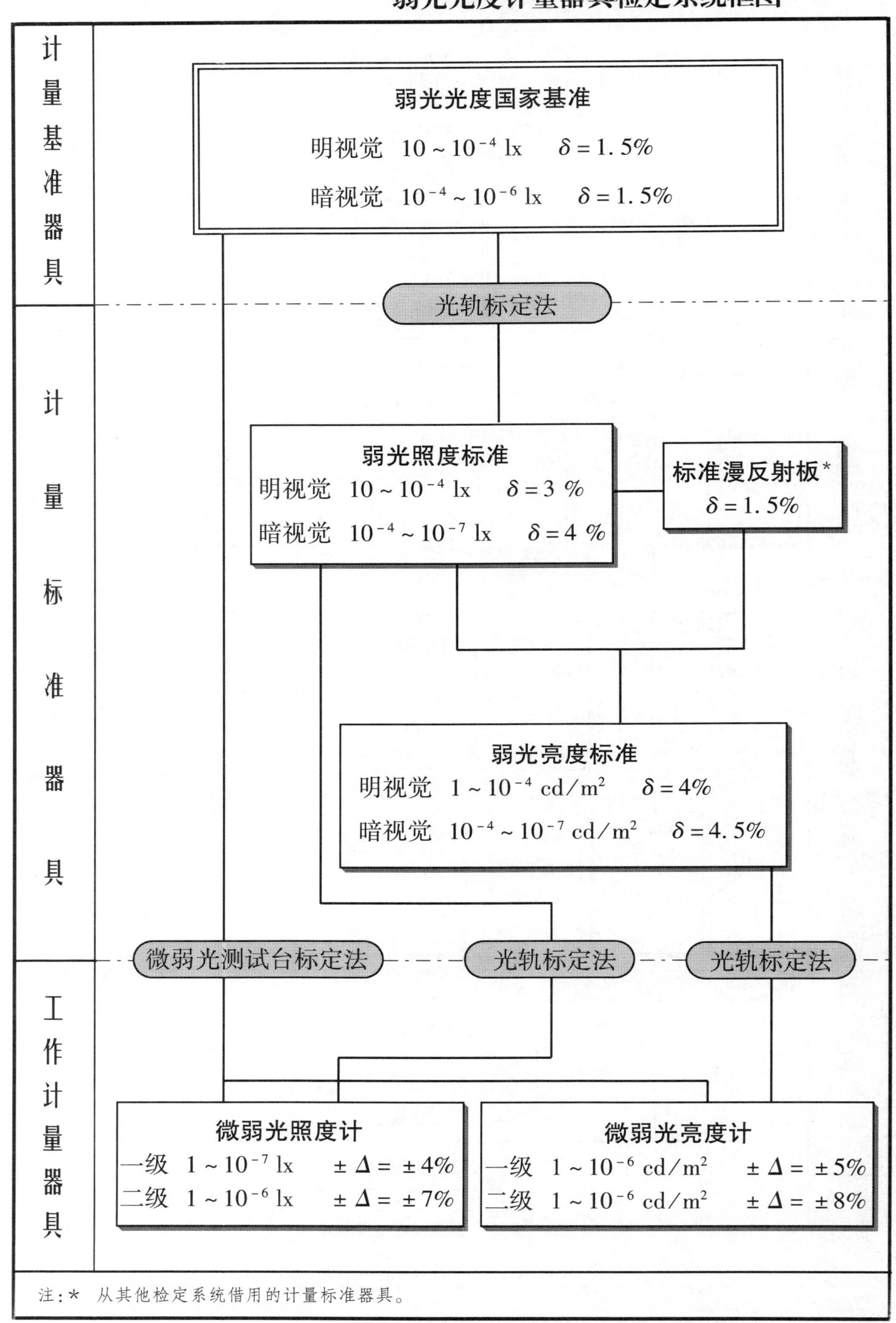

| 计量基准器具 | **弱光光度国家基准**

明视觉 $10 \sim 10^{-4}$ lx $\qquad \delta = 1.5\%$

暗视觉 $10^{-4} \sim 10^{-6}$ lx $\qquad \delta = 1.5\%$ |

光轨标定法

弱光照度标准
明视觉 $10 \sim 10^{-4}$ lx $\qquad \delta = 3\%$
暗视觉 $10^{-4} \sim 10^{-7}$ lx $\qquad \delta = 4\%$

标准漫反射板* $\delta = 1.5\%$

弱光亮度标准
明视觉 $1 \sim 10^{-4}$ cd/m² $\qquad \delta = 4\%$
暗视觉 $10^{-4} \sim 10^{-7}$ cd/m² $\qquad \delta = 4.5\%$

微弱光测试台标定法 --- 光轨标定法 --- 光轨标定法

微弱光照度计
一级 $1 \sim 10^{-7}$ lx $\qquad \pm\Delta = \pm 4\%$
二级 $1 \sim 10^{-6}$ lx $\qquad \pm\Delta = \pm 7\%$

微弱光亮度计
一级 $1 \sim 10^{-6}$ cd/m² $\qquad \pm\Delta = \pm 5\%$
二级 $1 \sim 10^{-6}$ cd/m² $\qquad \pm\Delta = \pm 8\%$

（计量基准器具 计量标准器具 工作计量器具）

注：* 从其他检定系统借用的计量标准器具。

空气声声压计量器具检定系统表框图

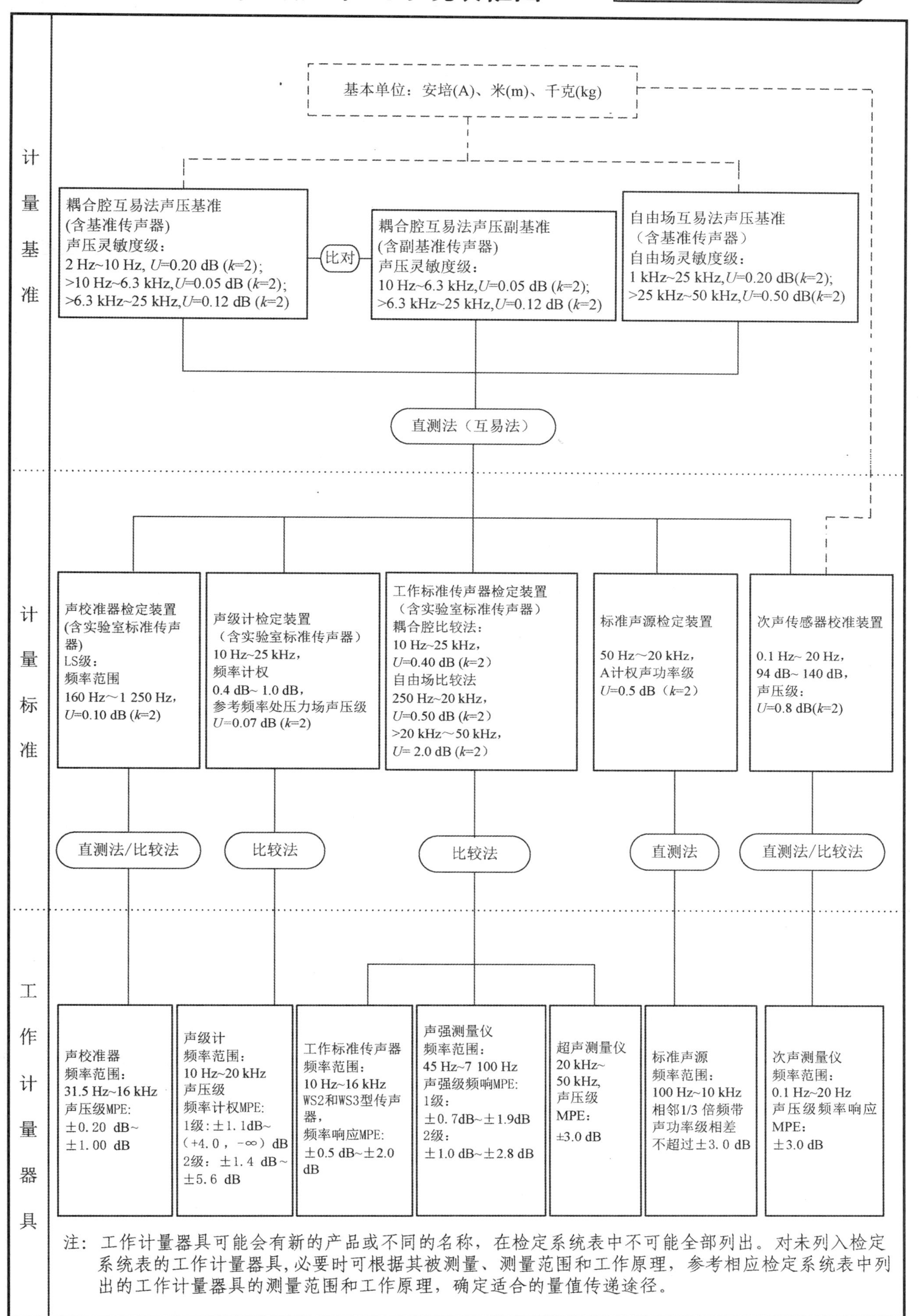

注: 工作计量器具可能会有新的产品或不同的名称，在检定系统表中不可能全部列出。对未列入检定系统表的工作计量器具，必要时可根据其被测量、测量范围和工作原理，参考相应检定系统表中列出的工作计量器具的测量范围和工作原理，确定适合的量值传递途径。

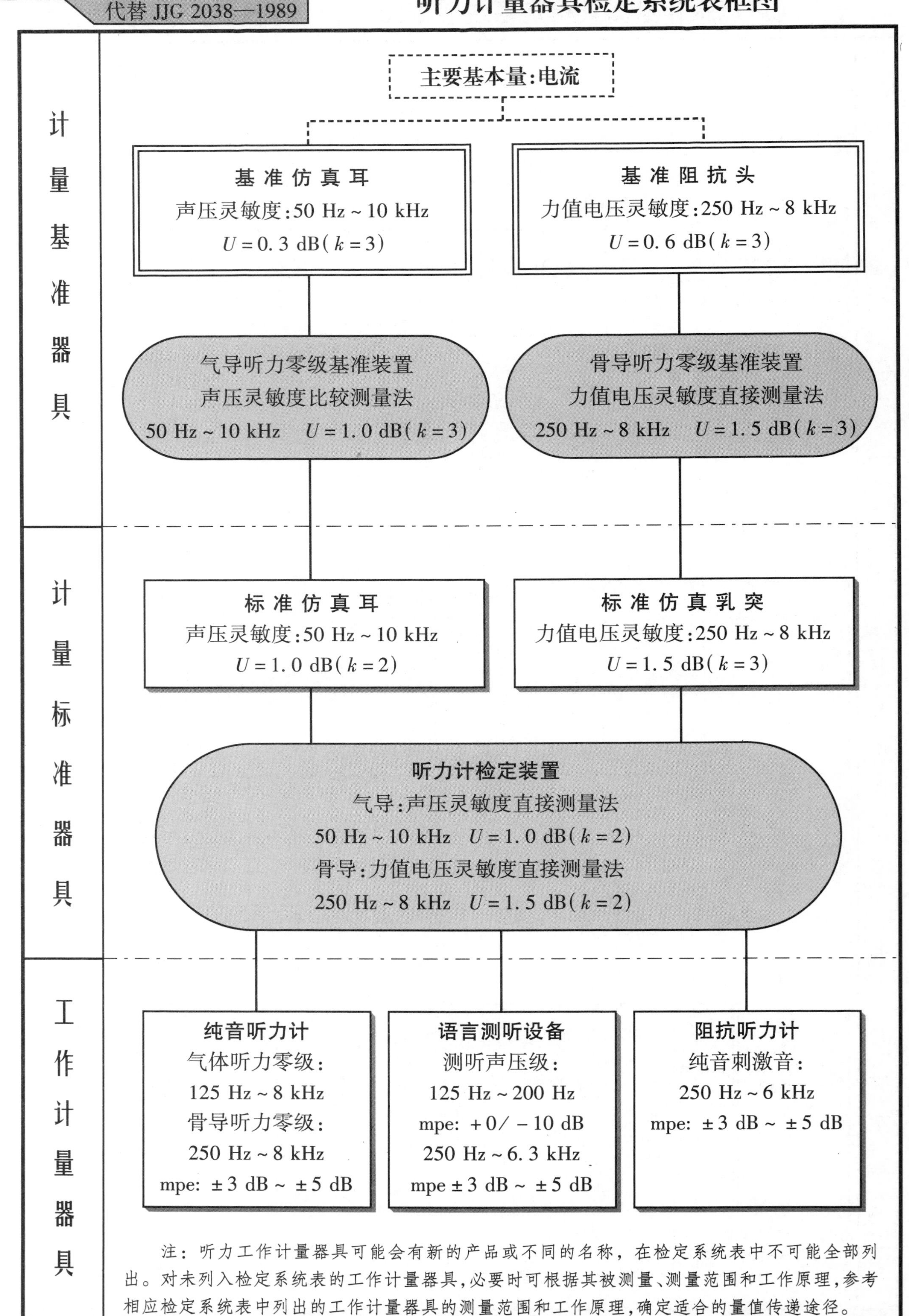

计量基准器具

主要基本量:电流

基准仿真耳
声压灵敏度:50 Hz ~ 10 kHz
$U = 0.3$ dB$(k = 3)$

基准阻抗头
力值电压灵敏度:250 Hz ~ 8 kHz
$U = 0.6$ dB$(k = 3)$

气导听力零级基准装置
声压灵敏度比较测量法
50 Hz ~ 10 kHz $\quad U = 1.0$ dB$(k = 3)$

骨导听力零级基准装置
力值电压灵敏度直接测量法
250 Hz ~ 8 kHz $\quad U = 1.5$ dB$(k = 3)$

计量标准器具

标准仿真耳
声压灵敏度:50 Hz ~ 10 kHz
$U = 1.0$ dB$(k = 2)$

标准仿真乳突
力值电压灵敏度:250 Hz ~ 8 kHz
$U = 1.5$ dB$(k = 3)$

听力计检定装置
气导:声压灵敏度直接测量法
50 Hz ~ 10 kHz $\quad U = 1.0$ dB$(k = 2)$
骨导:力值电压灵敏度直接测量法
250 Hz ~ 8 kHz $\quad U = 1.5$ dB$(k = 2)$

工作计量器具

纯音听力计
气体听力零级:
125 Hz ~ 8 kHz
骨导听力零级:
250 Hz ~ 8 kHz
mpe: ± 3 dB ~ ± 5 dB

语言测听设备
测听声压级:
125 Hz ~ 200 Hz
mpe: $+0/ -10$ dB
250 Hz ~ 6.3 kHz
mpe ± 3 dB ~ ± 5 dB

阻抗听力计
纯音刺激音:
250 Hz ~ 6 kHz
mpe: ± 3 dB ~ ± 5 dB

注:听力工作计量器具可能会有新的产品或不同的名称,在检定系统表中不可能全部列出。对未列入检定系统表的工作计量器具,必要时可根据其被测量、测量范围和工作原理,参考相应检定系统表中列出的工作计量器具的测量范围和工作原理,确定适合的量值传递途径。

高准确度测量活度及光子发射率计量器具检定系统框图

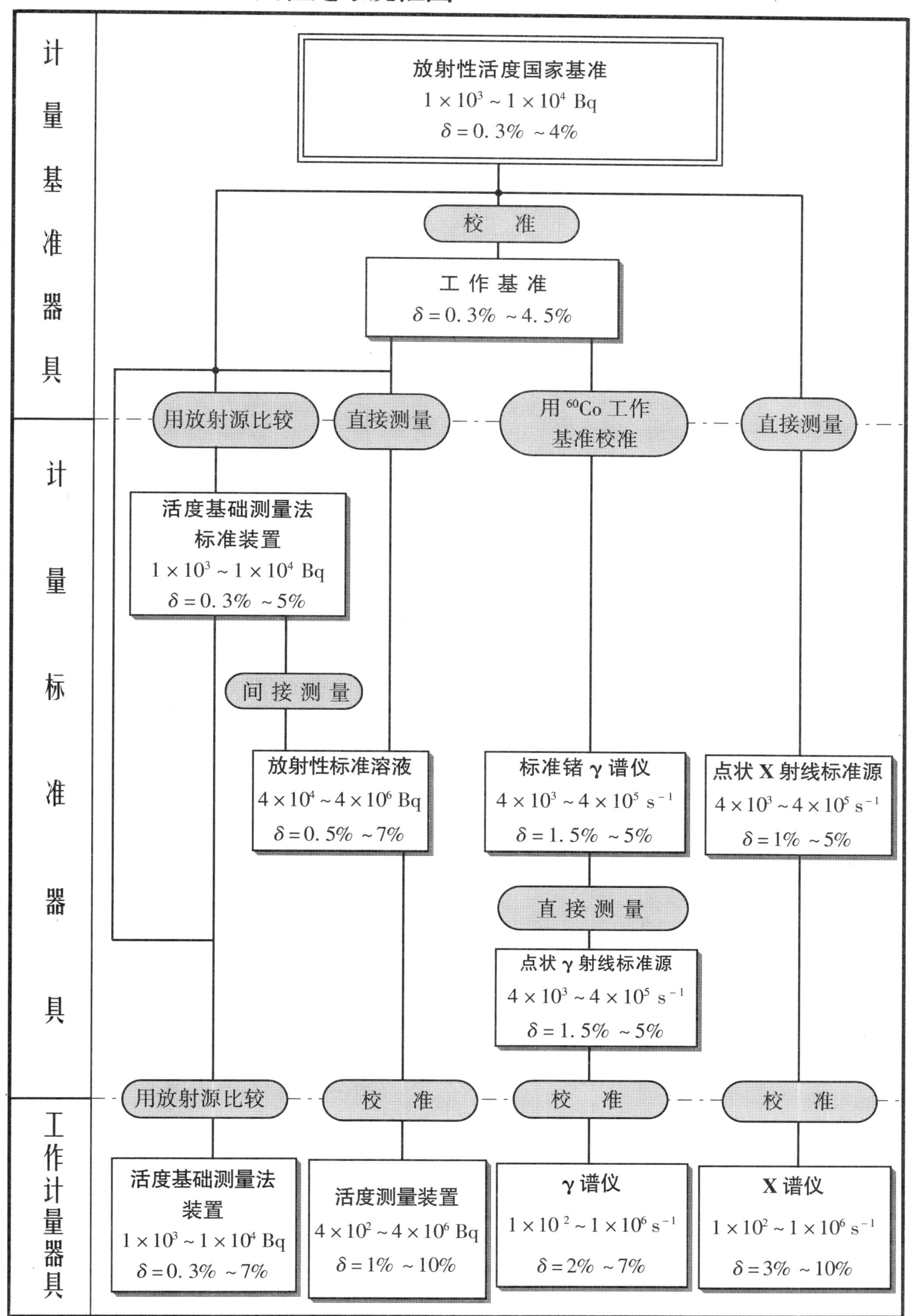

医用放射性核素活度计量器具检定系统框图

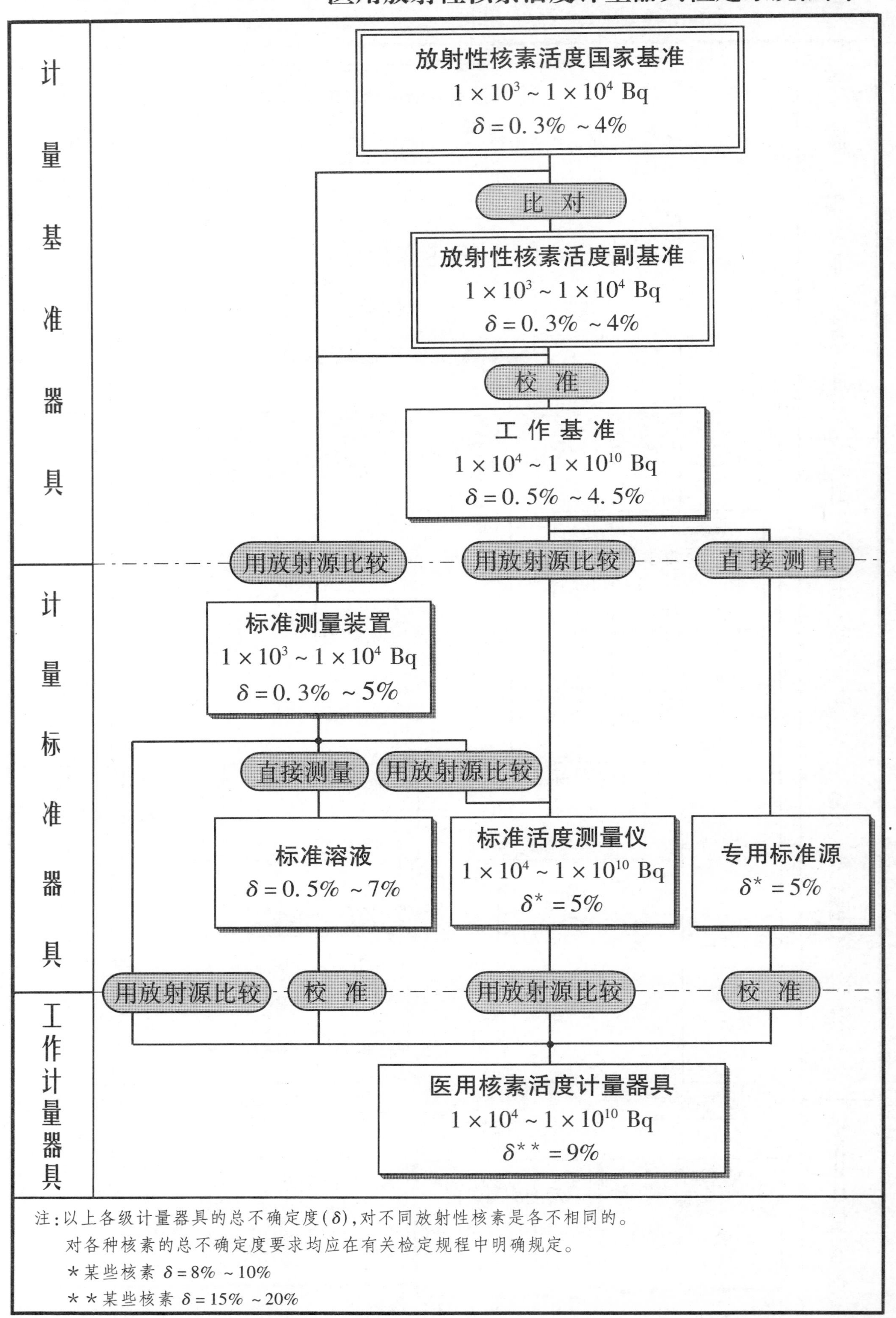

计量基准器具

放射性核素活度国家基准
$1 \times 10^3 \sim 1 \times 10^4$ Bq
$\delta = 0.3\% \sim 4\%$

比 对

放射性核素活度副基准
$1 \times 10^3 \sim 1 \times 10^4$ Bq
$\delta = 0.3\% \sim 4\%$

校 准

工 作 基 准
$1 \times 10^4 \sim 1 \times 10^{10}$ Bq
$\delta = 0.5\% \sim 4.5\%$

计量标准器具

用放射源比较 — 用放射源比较 — 直接测量

标准测量装置
$1 \times 10^3 \sim 1 \times 10^4$ Bq
$\delta = 0.3\% \sim 5\%$

直接测量　用放射源比较

标准溶液	标准活度测量仪	专用标准源
$\delta = 0.5\% \sim 7\%$	$1 \times 10^4 \sim 1 \times 10^{10}$ Bq	$\delta^* = 5\%$
	$\delta^* = 5\%$	

工作计量器具

用放射源比较　校 准 — 用放射源比较 — 校 准

医用核素活度计量器具
$1 \times 10^4 \sim 1 \times 10^{10}$ Bq
$\delta^{**} = 9\%$

注：以上各级计量器具的总不确定度(δ)，对不同放射性核素是各不相同的。

　　对各种核素的总不确定度要求均应在有关检定规程中明确规定。

　　* 某些核素 $\delta = 8\% \sim 10\%$

　　** 某些核素 $\delta = 15\% \sim 20\%$

测量 α、β 表面污染的计量器具检定系统框图

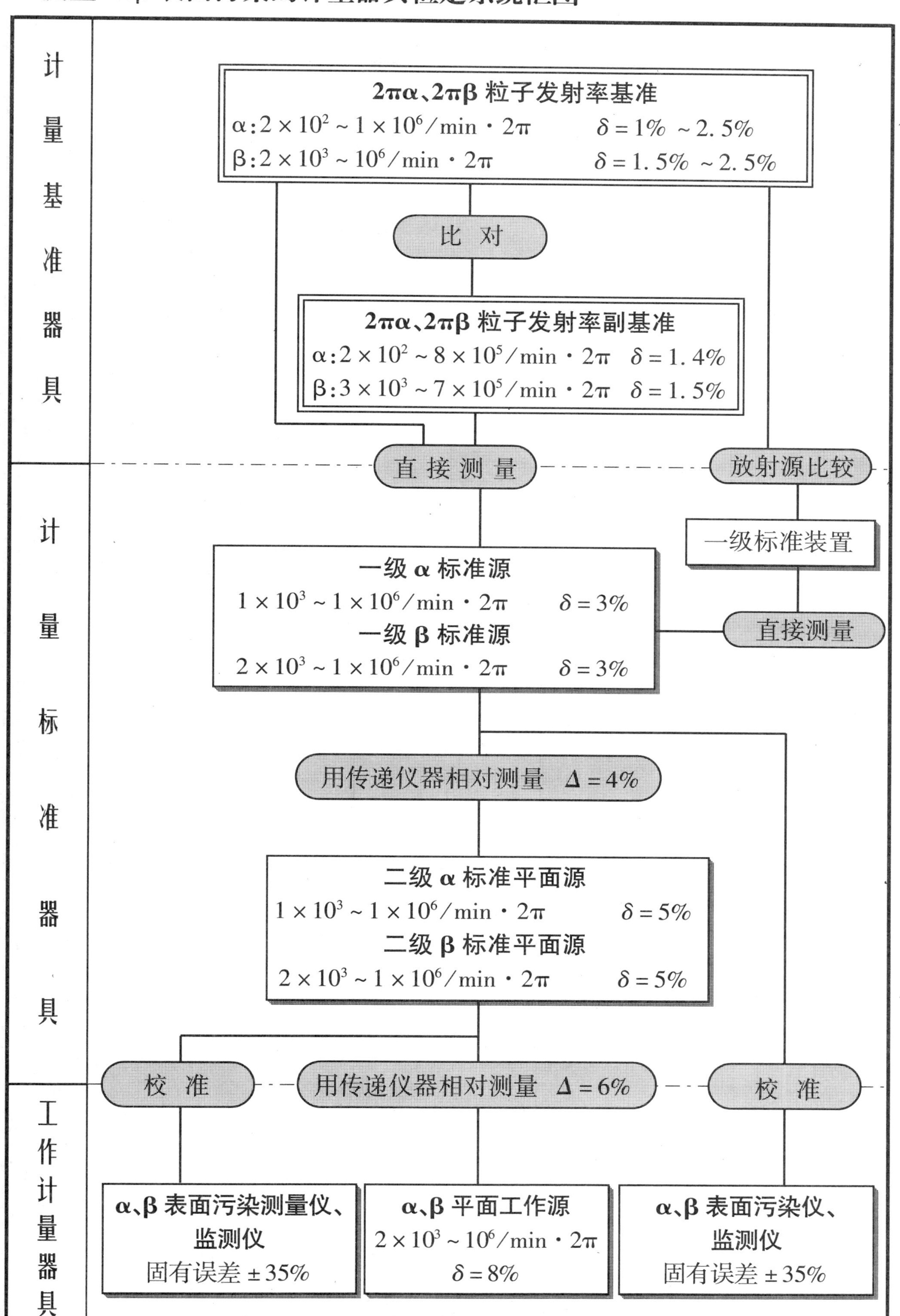

计量基准器具

2πα、2πβ 粒子发射率基准
α：$2 \times 10^2 \sim 1 \times 10^6 / \mathrm{min} \cdot 2\pi$ $\delta = 1\% \sim 2.5\%$
β：$2 \times 10^3 \sim 10^6 / \mathrm{min} \cdot 2\pi$ $\delta = 1.5\% \sim 2.5\%$

比 对

2πα、2πβ 粒子发射率副基准
α：$2 \times 10^2 \sim 8 \times 10^5 / \mathrm{min} \cdot 2\pi$ $\delta = 1.4\%$
β：$3 \times 10^3 \sim 7 \times 10^5 / \mathrm{min} \cdot 2\pi$ $\delta = 1.5\%$

直 接 测 量   放射源比较

计量标准器具

一级标准装置

一级 α 标准源
$1 \times 10^3 \sim 1 \times 10^6 / \mathrm{min} \cdot 2\pi$ $\delta = 3\%$
一级 β 标准源
$2 \times 10^3 \sim 1 \times 10^6 / \mathrm{min} \cdot 2\pi$ $\delta = 3\%$

直接测量

用传递仪器相对测量 $\Delta = 4\%$

二级 α 标准平面源
$1 \times 10^3 \sim 1 \times 10^6 / \mathrm{min} \cdot 2\pi$ $\delta = 5\%$
二级 β 标准平面源
$2 \times 10^3 \sim 1 \times 10^6 / \mathrm{min} \cdot 2\pi$ $\delta = 5\%$

校 准   用传递仪器相对测量 $\Delta = 6\%$ 校 准

工作计量器具

α、β 表面污染测量仪、监测仪
固有误差 ±35%

α、β 平面工作源
$2 \times 10^3 \sim 10^6 / \mathrm{min} \cdot 2\pi$
$\delta = 8\%$

α、β 表面污染仪、监测仪
固有误差 ±35%

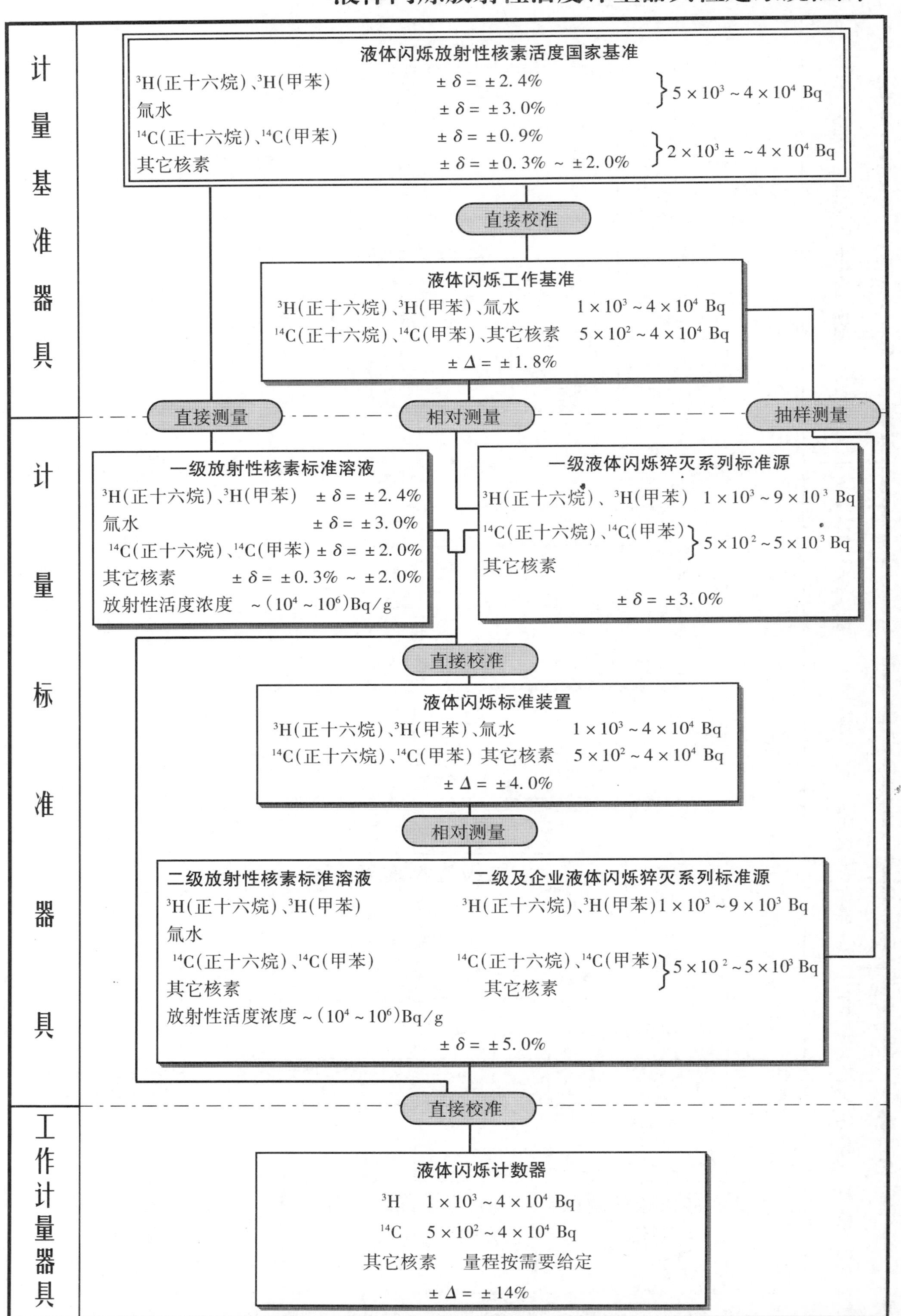

液体闪烁放射性活度计量器具检定系统框图

计量基准器具

液体闪烁放射性核素活度国家基准

³H(正十六烷)、³H(甲苯)　　　　$\pm \delta = \pm 2.4\%$

氚水　　　　　　　　　　　　　$\pm \delta = \pm 3.0\%$　　$\Big\}\ 5 \times 10^3 \sim 4 \times 10^4$ Bq

¹⁴C(正十六烷)、¹⁴C(甲苯)　　$\pm \delta = \pm 0.9\%$

其它核素　　　　　　　　　$\pm \delta = \pm 0.3\% \sim \pm 2.0\%$　$\Big\}\ 2 \times 10^3 \pm \sim 4 \times 10^4$ Bq

〔直接校准〕

液体闪烁工作基准

³H(正十六烷)、³H(甲苯)、氚水　　　$1 \times 10^3 \sim 4 \times 10^4$ Bq

¹⁴C(正十六烷)、¹⁴C(甲苯)、其它核素　$5 \times 10^2 \sim 4 \times 10^4$ Bq

$\pm \Delta = \pm 1.8\%$

〔直接测量〕　　〔相对测量〕　　〔抽样测量〕

计量标准器具

一级放射性核素标准溶液

³H(正十六烷)、³H(甲苯)　$\pm \delta = \pm 2.4\%$

氚水　　　　　　　　　$\pm \delta = \pm 3.0\%$

¹⁴C(正十六烷)、¹⁴C(甲苯)　$\pm \delta = \pm 2.0\%$

其它核素　　　　$\pm \delta = \pm 0.3\% \sim \pm 2.0\%$

放射性活度浓度　$\sim (10^4 \sim 10^6)$Bq/g

一级液体闪烁猝灭系列标准源

³H(正十六烷)、³H(甲苯)　$1 \times 10^3 \sim 9 \times 10^3$ Bq

¹⁴C(正十六烷)、¹⁴C(甲苯)　$\Big\}\ 5 \times 10^2 \sim 5 \times 10^3$ Bq

其它核素

$\pm \delta = \pm 3.0\%$

〔直接校准〕

液体闪烁标准装置

³H(正十六烷)、³H(甲苯)、氚水　　　$1 \times 10^3 \sim 4 \times 10^4$ Bq

¹⁴C(正十六烷)、¹⁴C(甲苯)　其它核素　$5 \times 10^2 \sim 4 \times 10^4$ Bq

$\pm \Delta = \pm 4.0\%$

〔相对测量〕

二级放射性核素标准溶液

³H(正十六烷)、³H(甲苯)

氚水

¹⁴C(正十六烷)、¹⁴C(甲苯)

其它核素

放射性活度浓度 $\sim (10^4 \sim 10^6)$Bq/g

二级及企业液体闪烁猝灭系列标准源

³H(正十六烷)、³H(甲苯)$1 \times 10^3 \sim 9 \times 10^3$ Bq

¹⁴C(正十六烷)、¹⁴C(甲苯)　$\Big\}\ 5 \times 10^2 \sim 5 \times 10^3$ Bq

其它核素

$\pm \delta = \pm 5.0\%$

〔直接校准〕

工作计量器具

液体闪烁计数器

³H　　$1 \times 10^3 \sim 4 \times 10^4$ Bq

¹⁴C　$5 \times 10^2 \sim 4 \times 10^4$ Bq

其它核素　量程按需要给定

$\pm \Delta = \pm 14\%$

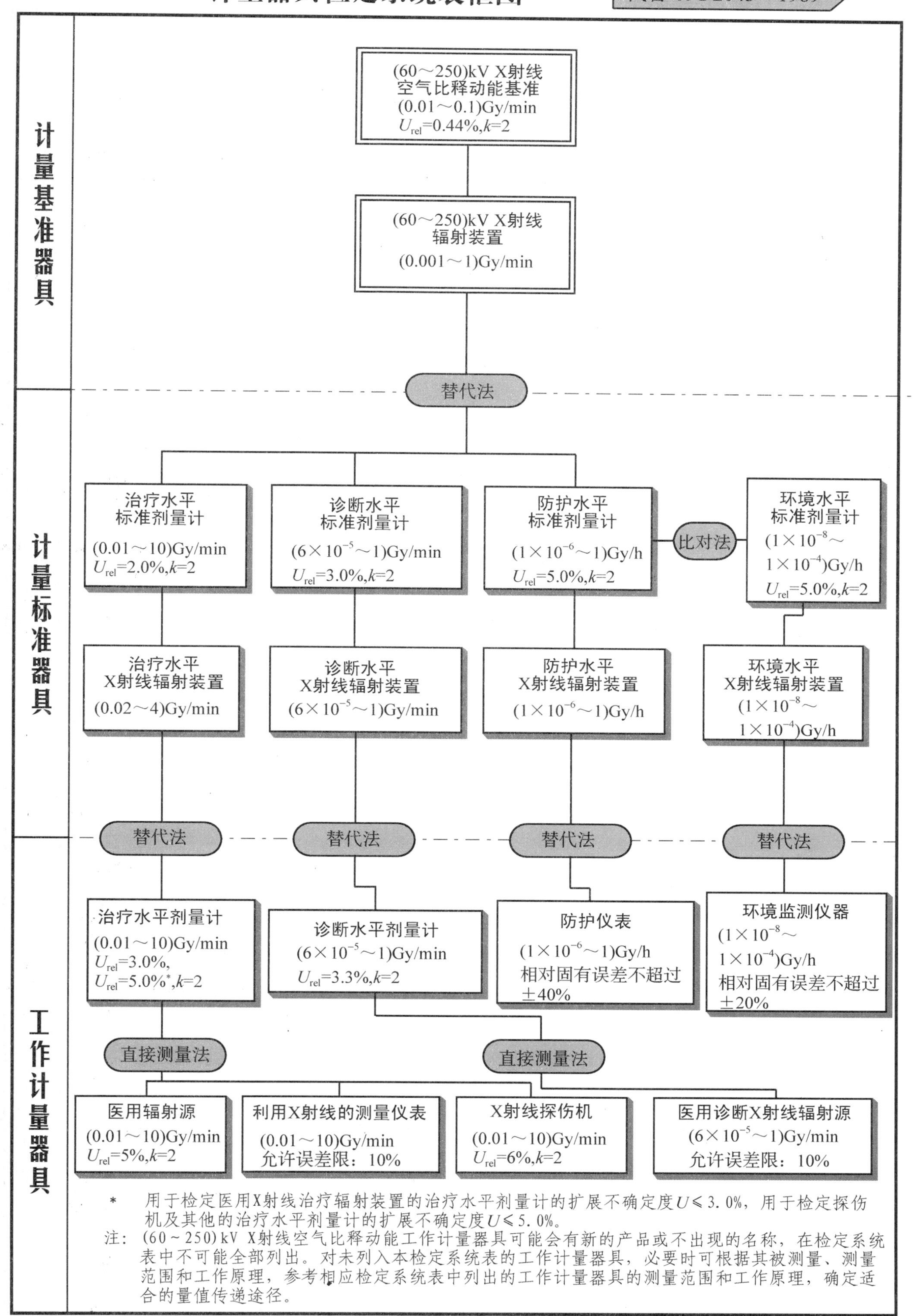

计量基准器具

(60～250)kV X射线
空气比释动能基准
(0.01～0.1)Gy/min
U_{rel}=0.44%,k=2

(60～250)kV X射线
辐射装置
(0.001～1)Gy/min

替代法

计量标准器具

治疗水平
标准剂量计
(0.01～10)Gy/min
U_{rel}=2.0%,k=2

诊断水平
标准剂量计
(6×10⁻⁵～1)Gy/min
U_{rel}=3.0%,k=2

防护水平
标准剂量计
(1×10⁻⁶～1)Gy/h
U_{rel}=5.0%,k=2

比对法

环境水平
标准剂量计
(1×10⁻⁸～
1×10⁻⁴)Gy/h
U_{rel}=5.0%,k=2

治疗水平
X射线辐射装置
(0.02～4)Gy/min

诊断水平
X射线辐射装置
(6×10⁻⁵～1)Gy/min

防护水平
X射线辐射装置
(1×10⁻⁶～1)Gy/h

环境水平
X射线辐射装置
(1×10⁻⁸～
1×10⁻⁴)Gy/h

替代法　替代法　替代法　替代法

工作计量器具

治疗水平剂量计
(0.01～10)Gy/min
U_{rel}=3.0%,
U_{rel}=5.0%*,k=2

诊断水平剂量计
(6×10⁻⁵～1)Gy/min
U_{rel}=3.3%,k=2

防护仪表
(1×10⁻⁶～1)Gy/h
相对固有误差不超过
±40%

环境监测仪器
(1×10⁻⁸～
1×10⁻⁴)Gy/h
相对固有误差不超过
±20%

直接测量法　　直接测量法

医用辐射源
(0.01～10)Gy/min
U_{rel}=5%,k=2

利用X射线的测量仪表
(0.01～10)Gy/min
允许误差限：10%

X射线探伤机
(0.01～10)Gy/min
U_{rel}=6%,k=2

医用诊断X射线辐射源
(6×10⁻⁵～1)Gy/min
允许误差限：10%

* 用于检定医用X射线治疗辐射装置的治疗水平剂量计的扩展不确定度U≤3.0%,用于检定探伤机及其他的治疗水平剂量计的扩展不确定度U≤5.0%。

注: (60～250)kV X射线空气比释动能工作计量器具可能会有新的产品或不出现的名称,在检定系统表中不可能全部列出。对未列入本检定系统表的工作计量器具,必要时可根据其被测量、测量范围和工作原理,参考相应检定系统表中列出的工作计量器具的测量范围和工作原理,确定适合的量值传递途径。

γ射线空气比释动能计量器具检定系统表框图

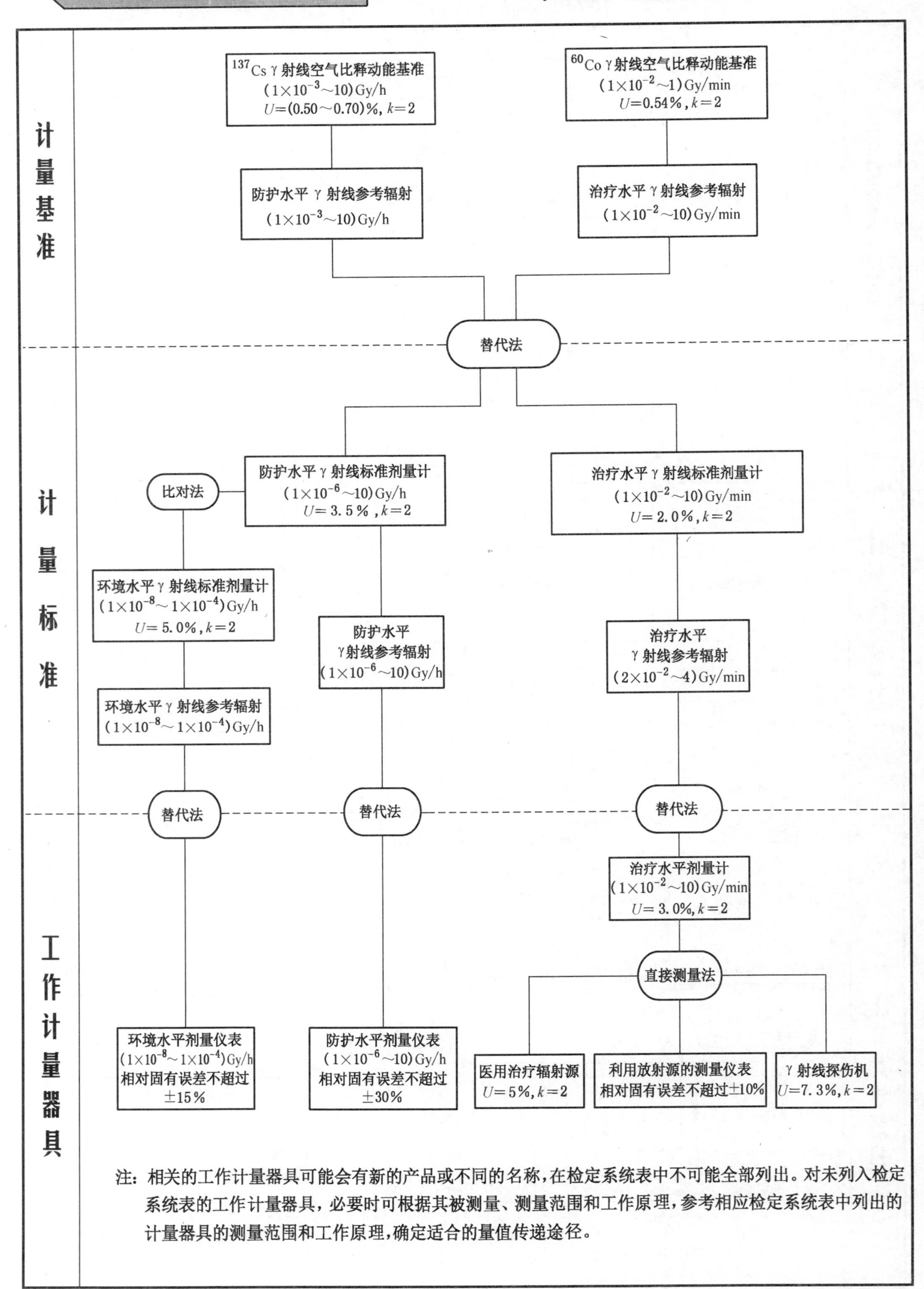

注：相关的工作计量器具可能会有新的产品或不同的名称,在检定系统表中不可能全部列出。对未列入检定系统表的工作计量器具,必要时可根据其被测量、测量范围和工作原理,参考相应检定系统表中列出的计量器具的测量范围和工作原理,确定适合的量值传递途径。

力值(≤1MN)计量器具检定系统表框图

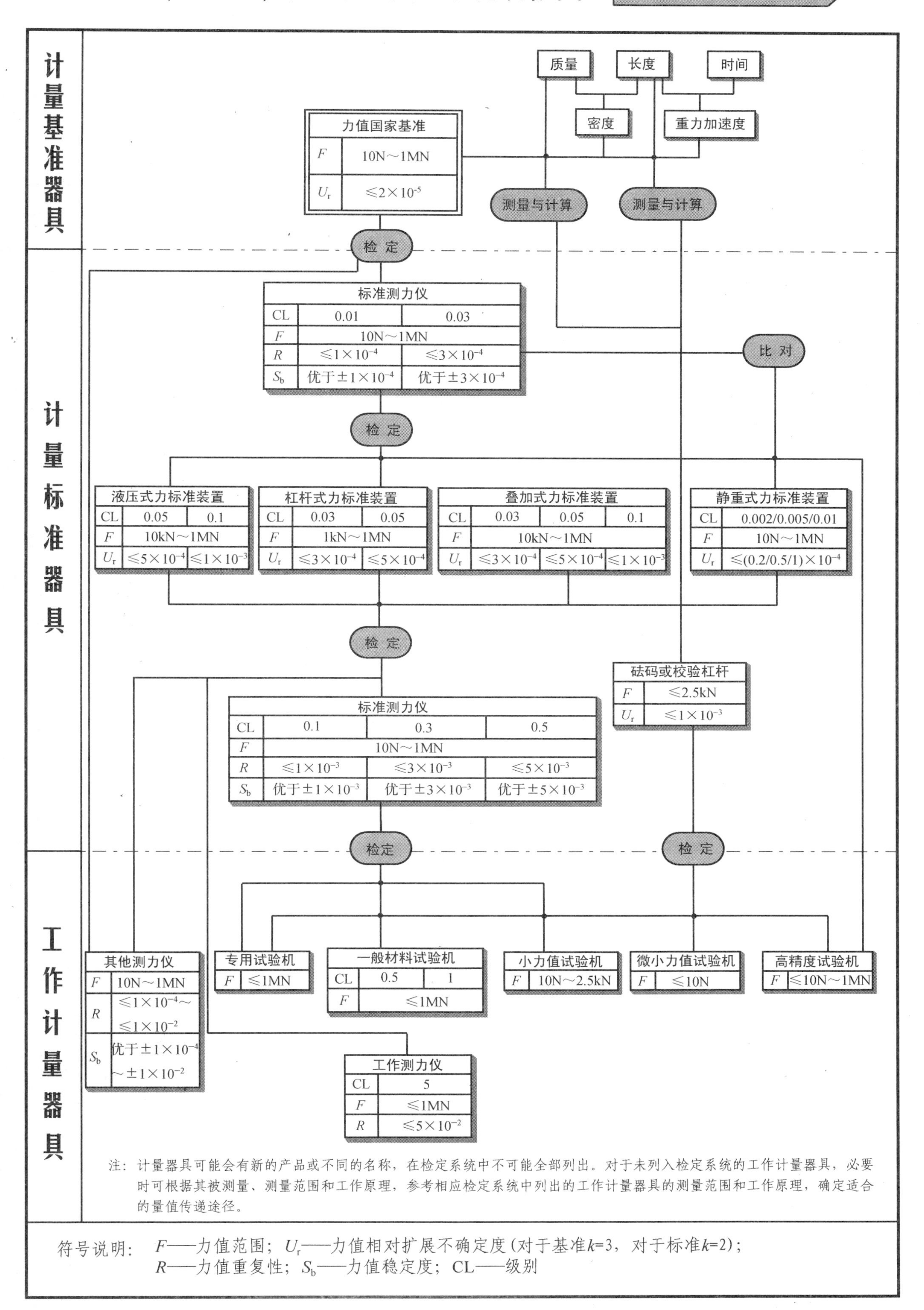

注: 计量器具可能会有新的产品或不同的名称, 在检定系统中不可能全部列出。对于未列入检定系统的工作计量器具, 必要时可根据其被测量、测量范围和工作原理, 参考相应检定系统中列出的工作计量器具的测量范围和工作原理, 确定适合的量值传递途径。

符号说明: F——力值范围; U_r——力值相对扩展不确定度(对于基准$k=3$, 对于标准$k=2$); R——力值重复性; S_b——力值稳定度; CL——级别。

湿度计量器具检定系统框图

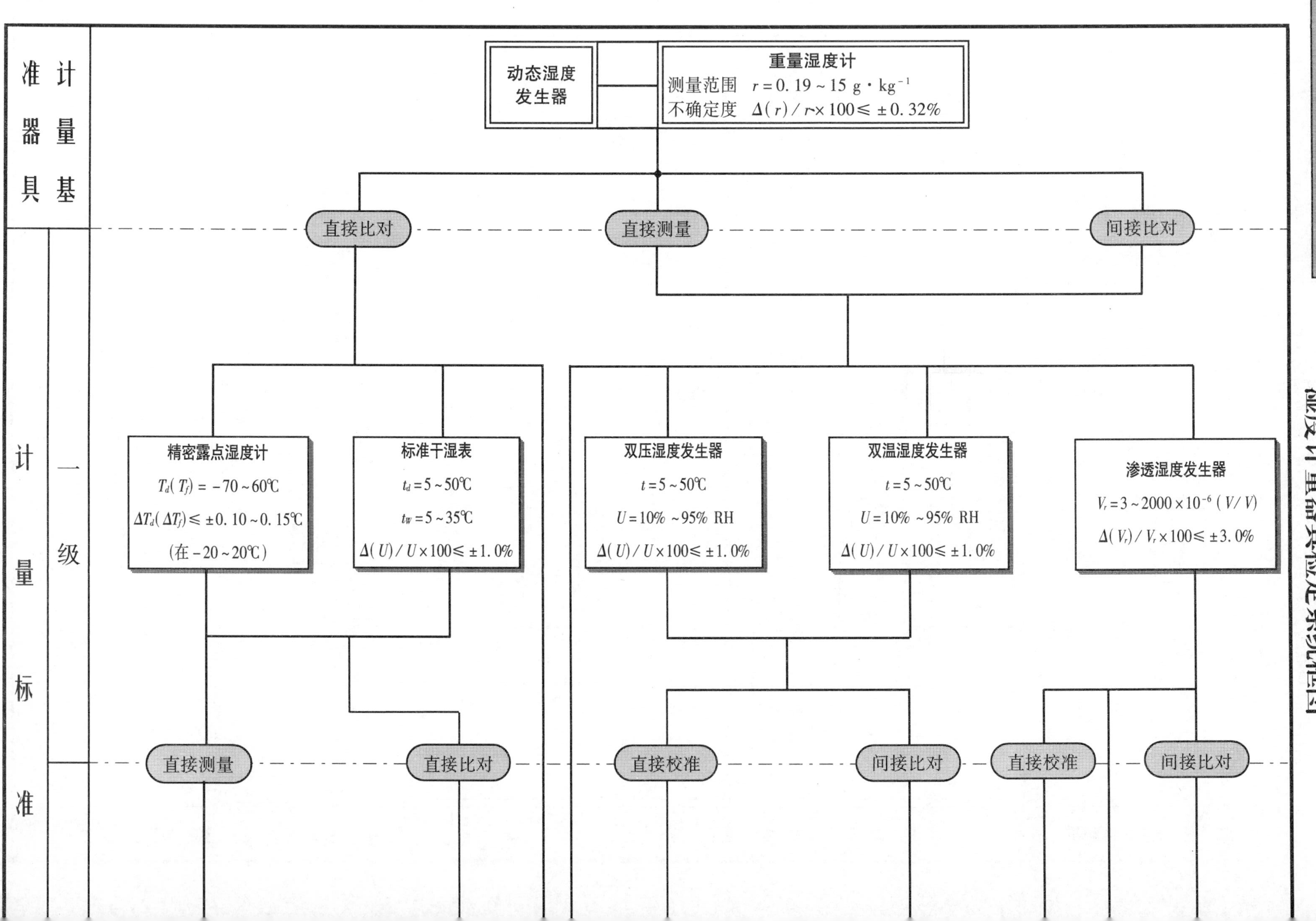

湿度计量器具检定系统框图

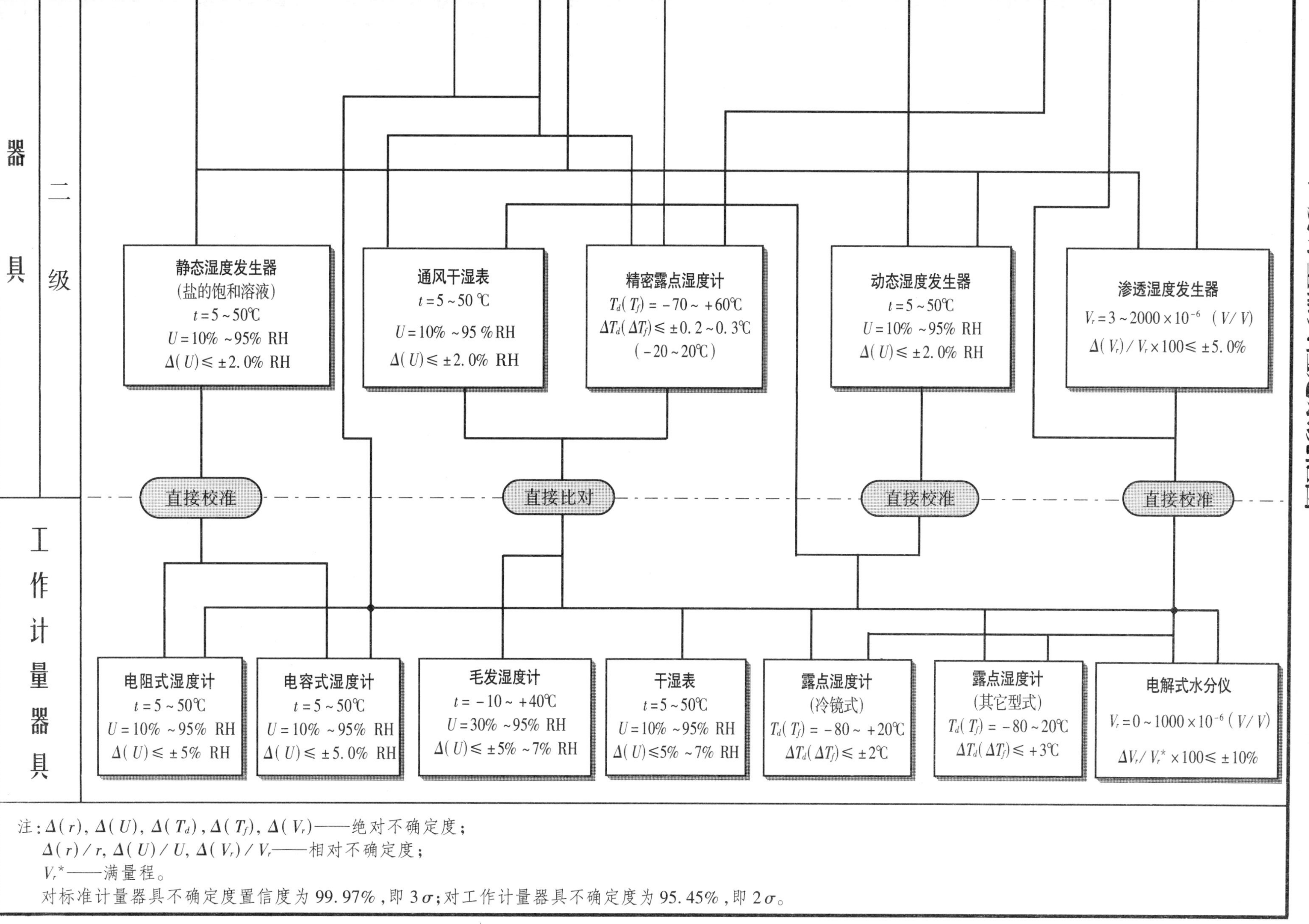

扭矩计量器具检定系统表框图

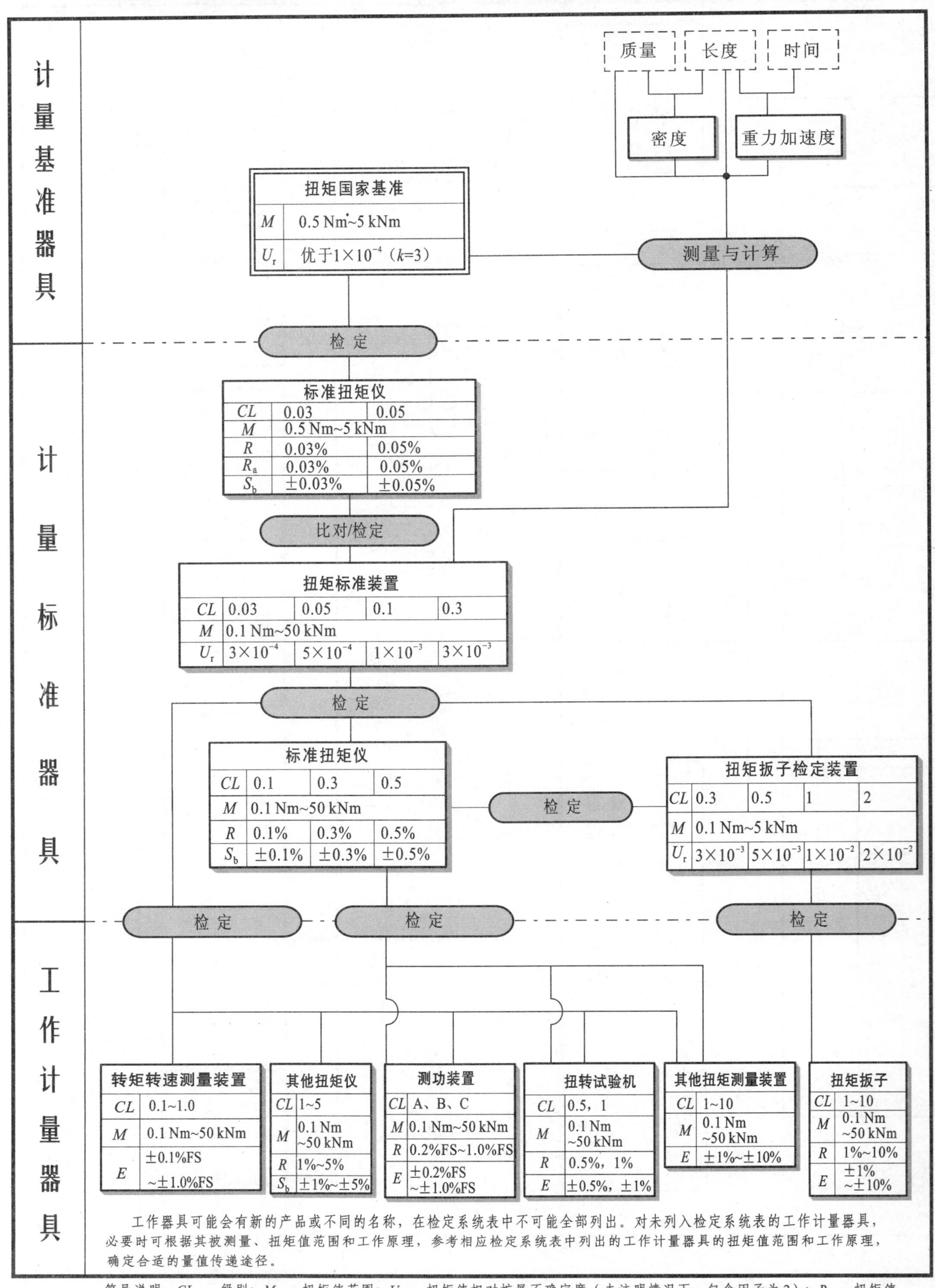

计量基准器具

计量基准器具

| 质量 | 长度 | 时间 |

密度　　重力加速度

扭矩国家基准

| M | 0.5 Nm~5 kNm |
| U_r | 优于 1×10^{-4} ($k=3$) |

测量与计算

计量标准器具

检定

标准扭矩仪

CL	0.03	0.05
M	0.5 Nm~5 kNm	
R	0.03%	0.05%
R_a	0.03%	0.05%
S_b	±0.03%	±0.05%

比对/检定

扭矩标准装置

CL	0.03	0.05	0.1	0.3
M	0.1 Nm~50 kNm			
U_r	3×10^{-4}	5×10^{-4}	1×10^{-3}	3×10^{-3}

检定

标准扭矩仪

CL	0.1	0.3	0.5
M	0.1 Nm~50 kNm		
R	0.1%	0.3%	0.5%
S_b	±0.1%	±0.3%	±0.5%

检定

扭矩扳子检定装置

CL	0.3	0.5	1	2
M	0.1 Nm~5 kNm			
U_r	3×10^{-3}	5×10^{-3}	1×10^{-2}	2×10^{-2}

工作计量器具

检定　　　　检定　　　　检定

转矩转速测量装置

CL	0.1~1.0
M	0.1 Nm~50 kNm
E	±0.1%FS ~±1.0%FS

其他扭矩仪

CL	1~5
M	0.1 Nm ~50 kNm
R	1%~5%
S_b	±1%~±5%

测功装置

CL	A、B、C
M	0.1 Nm~50 kNm
R	0.2%FS~1.0%FS
E	±0.2%FS ~±1.0%FS

扭转试验机

CL	0.5，1
M	0.1 Nm ~50 kNm
R	0.5%，1%
E	±0.5%，±1%

其他扭矩测量装置

CL	1~10
M	0.1 Nm ~50 kNm
E	±1%~±10%

扭矩扳子

CL	1~10
M	0.1 Nm ~50 kNm
R	1%~10%
E	±1% ~±10%

工作器具可能会有新的产品或不同的名称，在检定系统表中不可能全部列出。对未列入检定系统表的工作计量器具，必要时可根据其被测量、扭矩值范围和工作原理，参考相应检定系统表中列出的工作计量器具的扭矩值范围和工作原理，确定合适的量值传递途径。

符号说明：CL — 级别；M — 扭矩值范围；U_r — 扭矩值相对扩展不确定度（未注明情况下，包含因子为2）；R — 扭矩值重复性；R_a — 复现性；S_b — 扭矩值的稳定度（考核时间一般不少于3个月）；E — 示值误差。

500 K～1000 K 全辐照计量器具
检定系统表框图

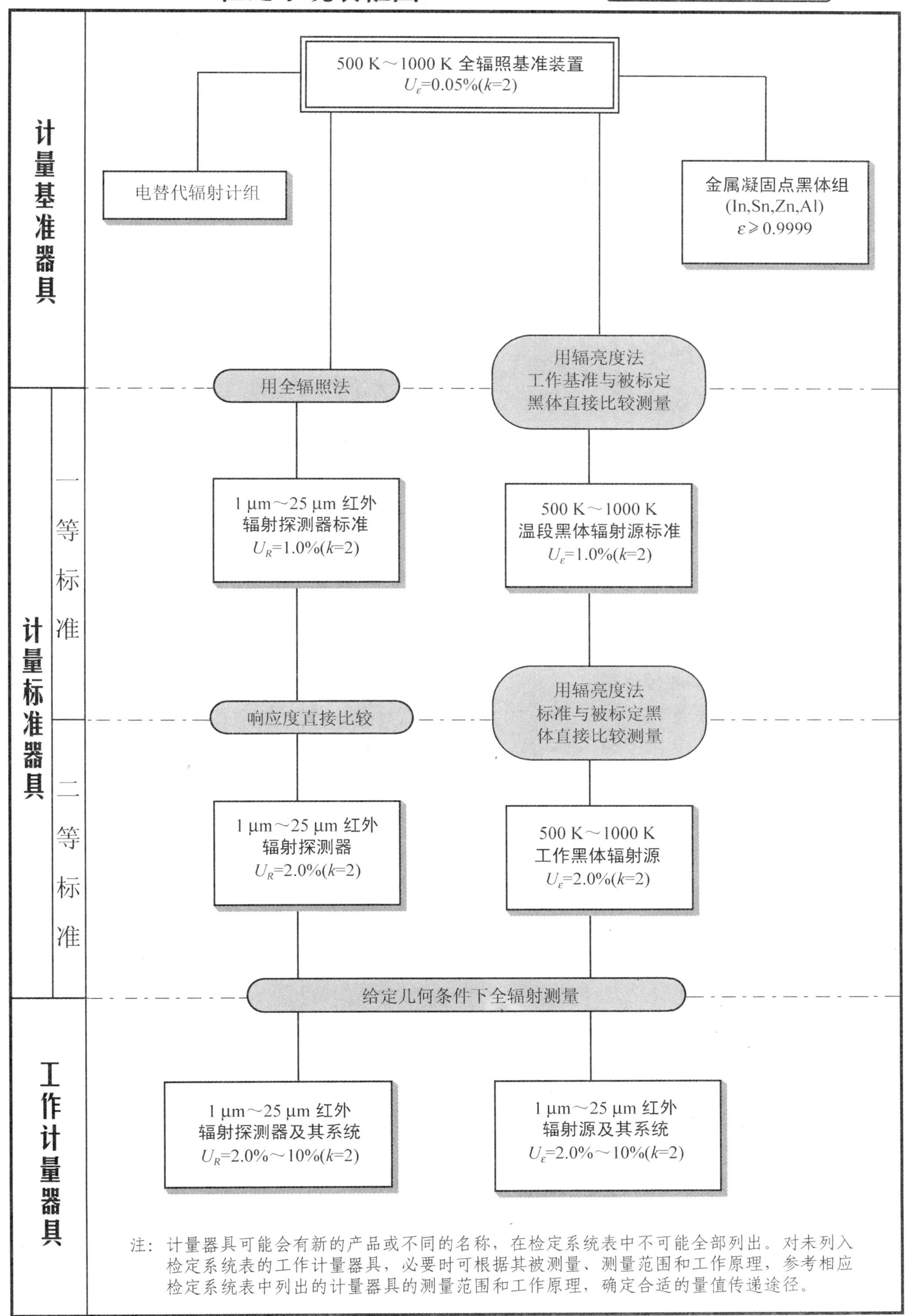

注：计量器具可能会有新的产品或不同的名称，在检定系统表中不可能全部列出。对未列入
检定系统表的工作计量器具，必要时可根据其被测量、测量范围和工作原理，参考相应
检定系统表中列出的计量器具的测量范围和工作原理，确定合适的量值传递途径。

橡胶国际硬度计量器具检定系统框图

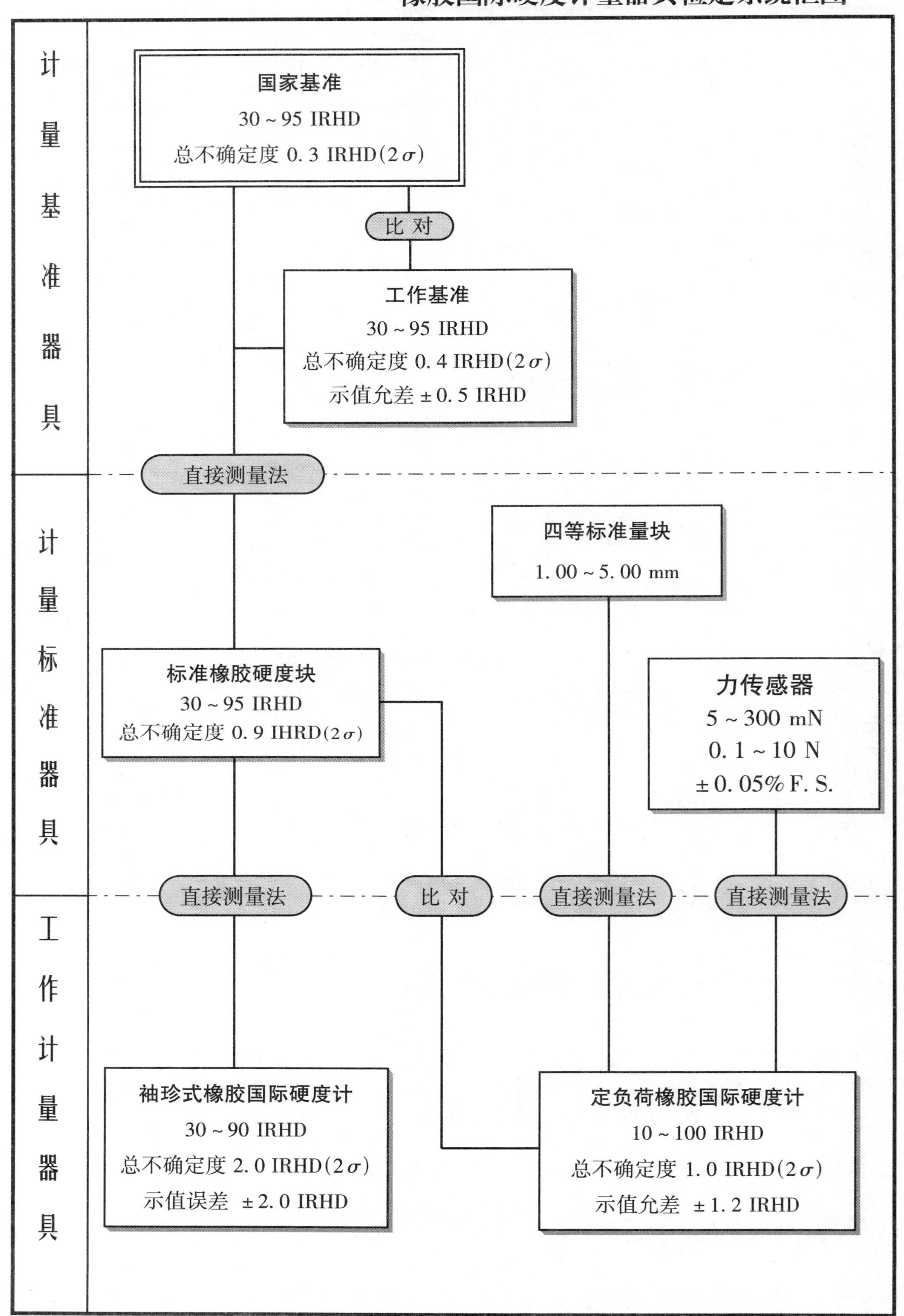

计量基准器具

国家基准
30 ~ 95 IRHD
总不确定度 0.3 IRHD(2σ)

比 对

工作基准
30 ~ 95 IRHD
总不确定度 0.4 IRHD(2σ)
示值允差 ±0.5 IRHD

直接测量法

计量标准器具

四等标准量块
1.00 ~ 5.00 mm

标准橡胶硬度块
30 ~ 95 IRHD
总不确定度 0.9 IHRD(2σ)

力传感器
5 ~ 300 mN
0.1 ~ 10 N
±0.05% F.S.

直接测量法   比 对   直接测量法   直接测量法

工作计量器具

袖珍式橡胶国际硬度计
30 ~ 90 IRHD
总不确定度 2.0 IRHD(2σ)
示值误差 ±2.0 IRHD

定负荷橡胶国际硬度计
10 ~ 100 IRHD
总不确定度 1.0 IRHD(2σ)
示值允差 ±1.2 IRHD

超声功率计量器具检定系统框图

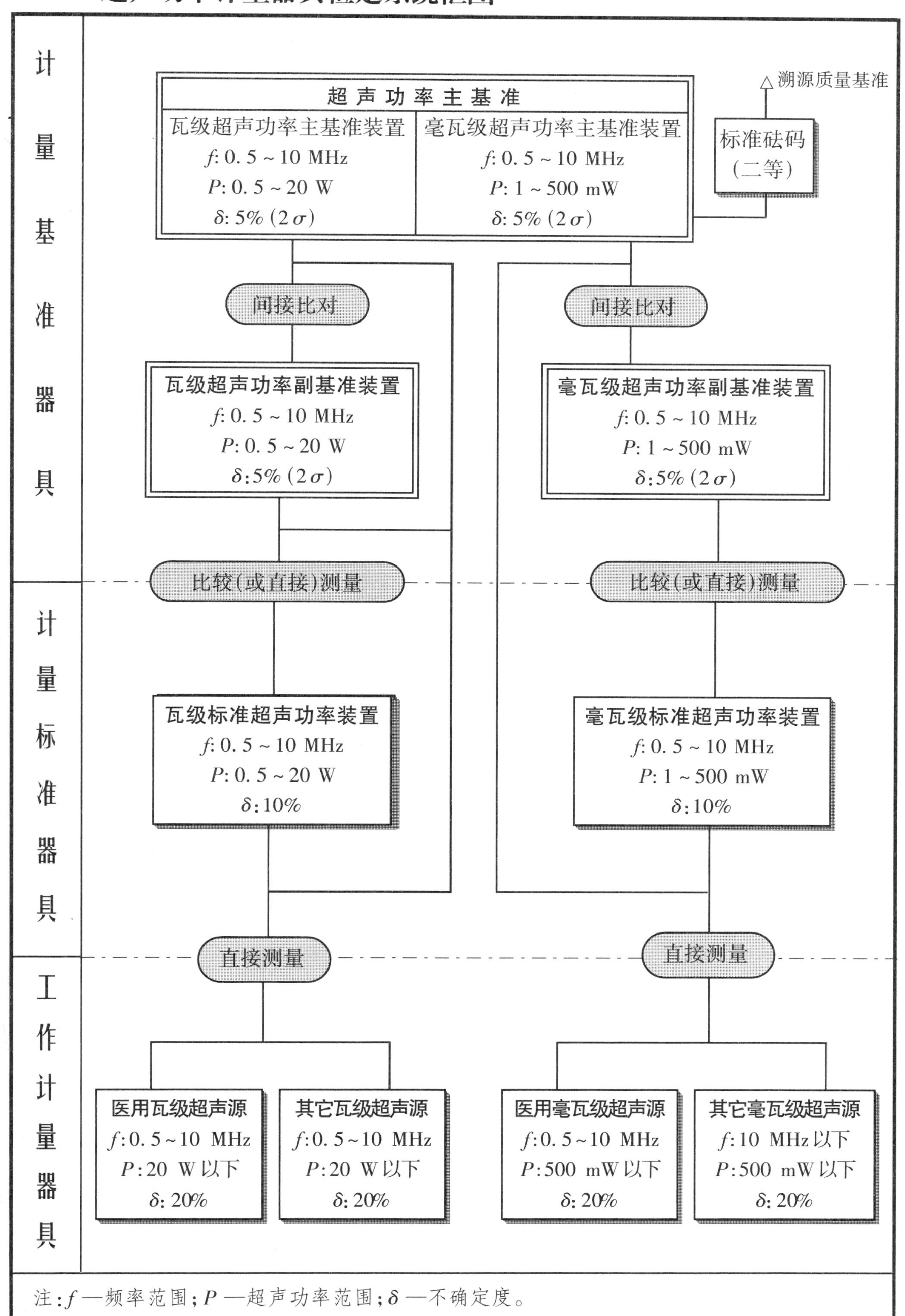

注:f—频率范围;P—超声功率范围;δ—不确定度。

直流电阻计量器具检定系统表框图

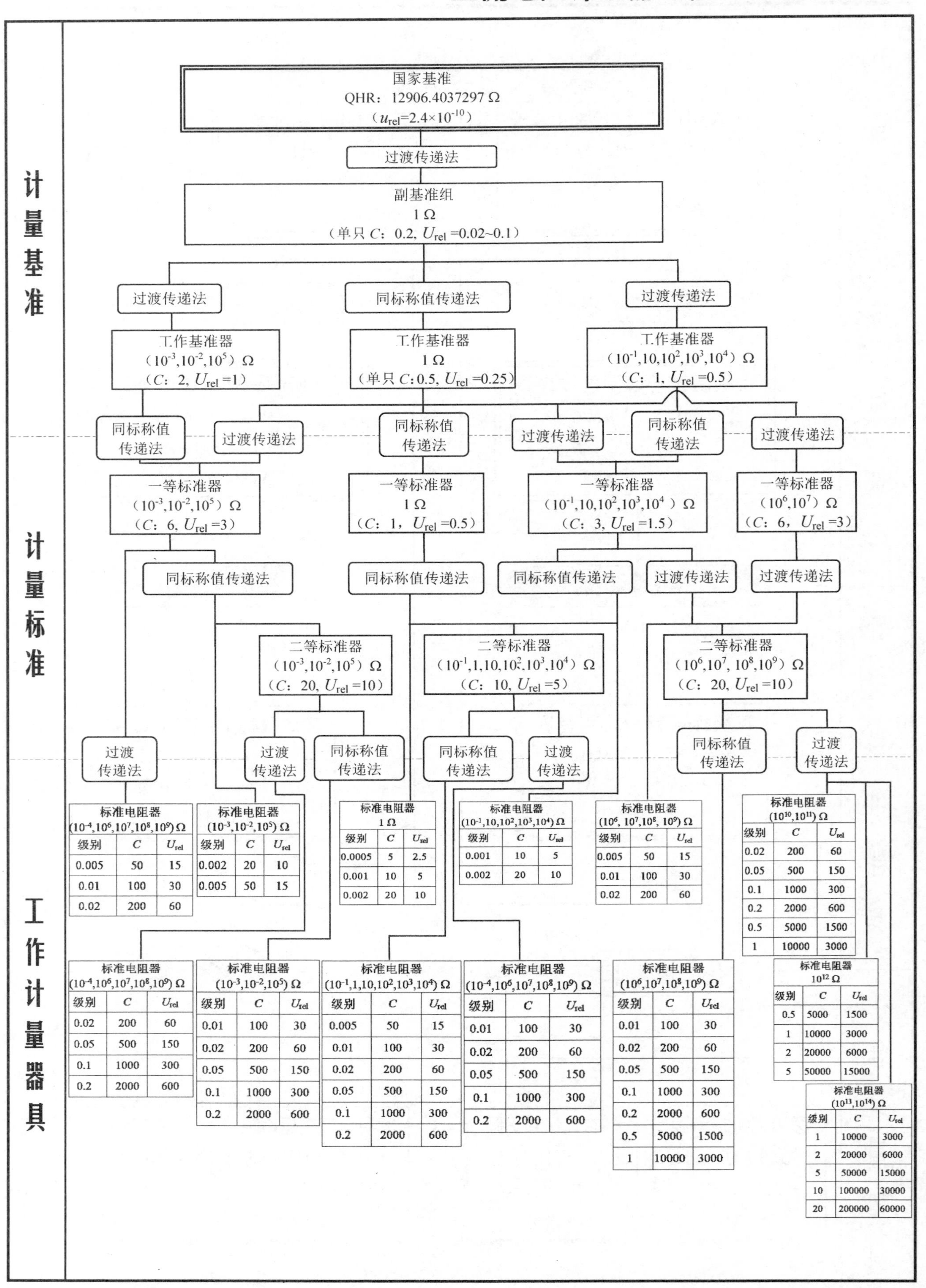

注：C 为等级指数（10^{-6}）；U_{rel} 为相对扩展不确定度（10^{-6}）（$k=2$）；过渡传递法包括测量比例的直接测量法，标准量具法（电阻比较法、比例替代法）等。

磁感应强度(恒定弱磁场)
计量器具检定系统框图

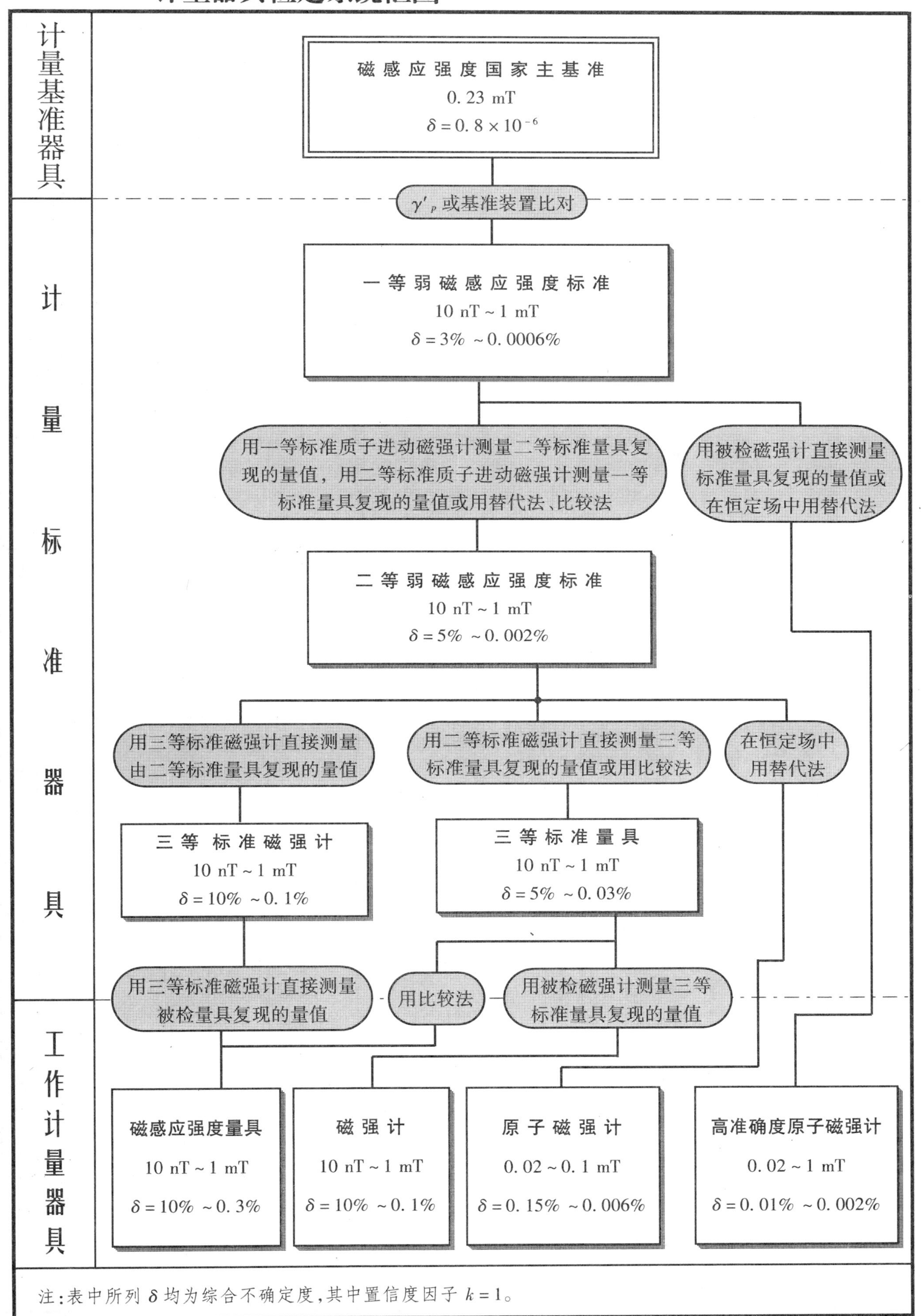

计量基准器具

| 磁感应强度国家主基准 |
| 0.23 mT |
| $\delta = 0.8 \times 10^{-6}$ |

γ'_p 或基准装置比对

计量标准器具

一等弱磁感应强度标准
10 nT ~ 1 mT
$\delta = 3\% ~ 0.0006\%$

用一等标准质子进动磁强计测量二等标准量具复现的量值，用二等标准质子进动磁强计测量一等标准量具复现的量值或用替代法、比较法

用被检磁强计直接测量标准量具复现的量值或在恒定场中用替代法

二等弱磁感应强度标准
10 nT ~ 1 mT
$\delta = 5\% ~ 0.002\%$

用三等标准磁强计直接测量由二等标准量具复现的量值

用二等标准磁强计直接测量三等标准量具复现的量值或用比较法

在恒定场中用替代法

三等标准磁强计
10 nT ~ 1 mT
$\delta = 10\% ~ 0.1\%$

三等标准量具
10 nT ~ 1 mT
$\delta = 5\% ~ 0.03\%$

用三等标准磁强计直接测量被检量具复现的量值

用比较法

用被检磁强计测量三等标准量具复现的量值

工作计量器具

磁感应强度量具	磁强计	原子磁强计	高准确度原子磁强计
10 nT ~ 1 mT	10 nT ~ 1 mT	0.02 ~ 0.1 mT	0.02 ~ 1 mT
$\delta = 10\% ~ 0.3\%$	$\delta = 10\% ~ 0.1\%$	$\delta = 0.15\% ~ 0.006\%$	$\delta = 0.01\% ~ 0.002\%$

注:表中所列 δ 均为综合不确定度,其中置信度因子 $k = 1$。

质量计量器具检定系统表框图

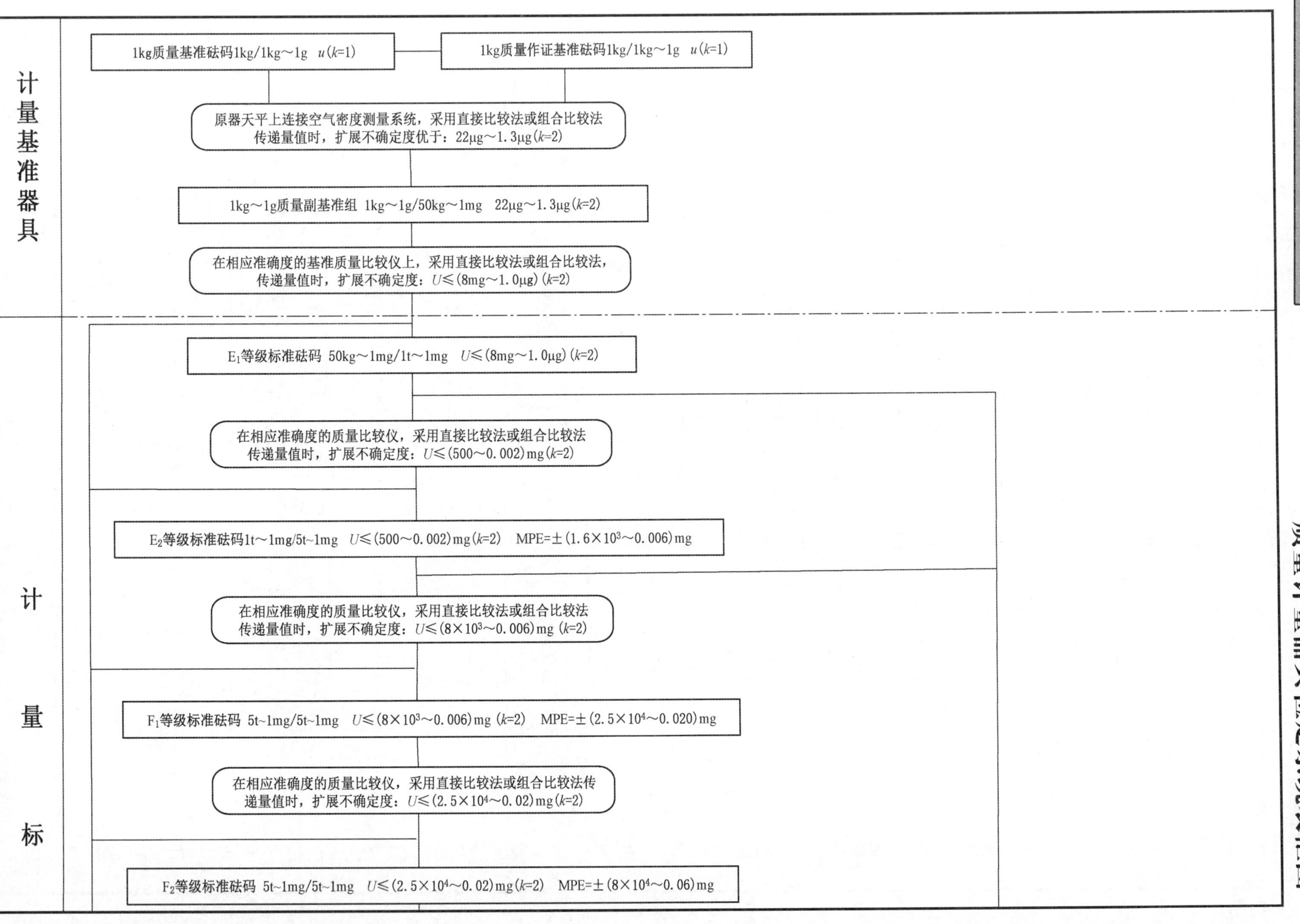

计 量 基 准 器 具

计　　量　　标

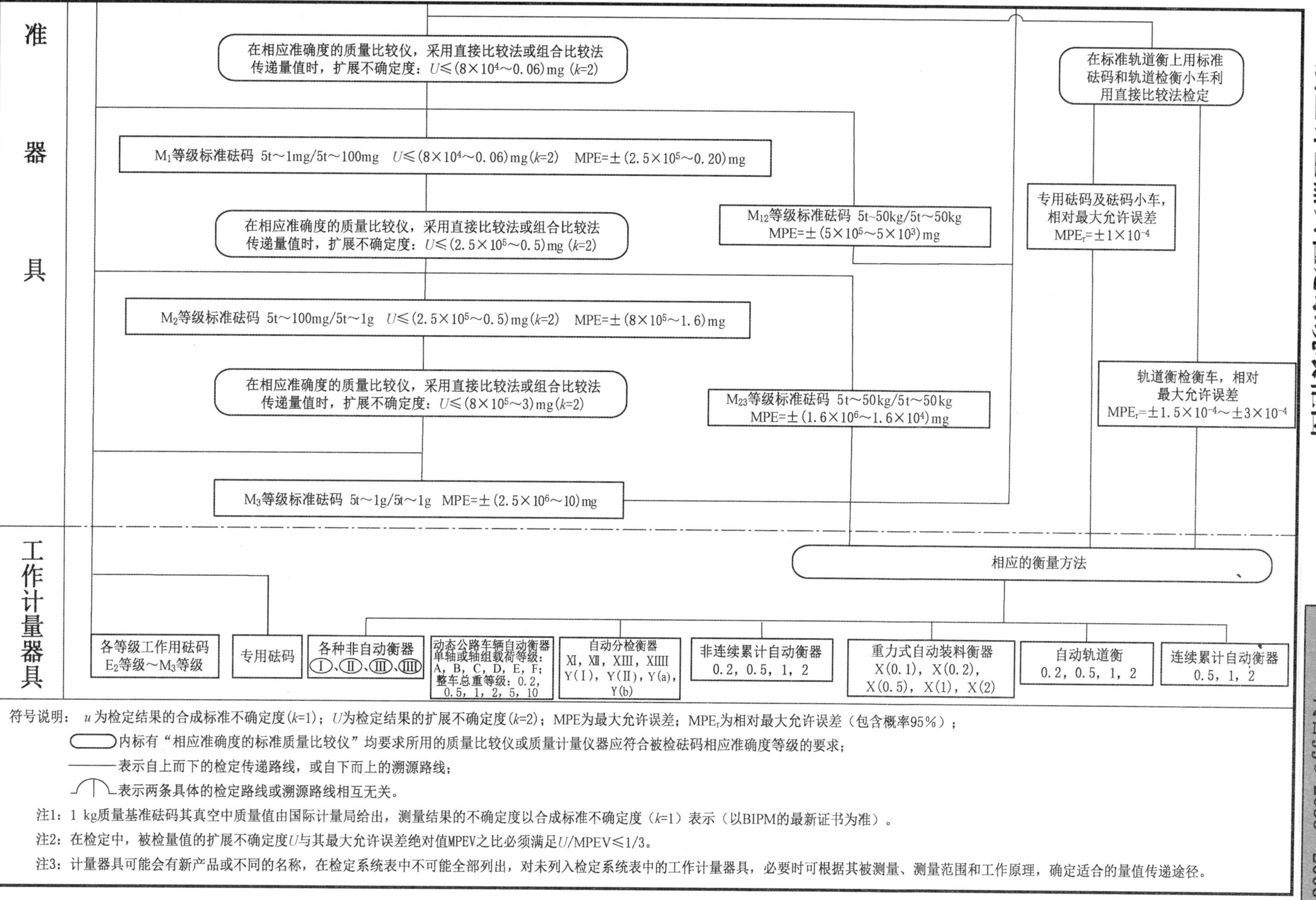

符号说明: u 为检定结果的合成标准不确定度 $(k=1)$; U 为检定结果的扩展不确定度 $(k=2)$; MPE_r 为相对最大允许误差; MPE 为仪器或质量比较仪或质量计量器具应符合被检砝码相应准确度等级的要求;

☐ 内标有"相应准确度的标准质量比较仪""均要求所用的标准质量比较仪 $(k=2)$, U 为检定结果所用的扩展不确定度 $(k=2)$, 测量结果的不确定度以合成标准不确定度 $(k=1)$ 表示 (以BIPM的最新证书为准)。

— 表示自上面两条准确度的标准质量线, 或自下而上的溯源路线;

︿ 表示 1 kg 质量基准砝码其真空中质量值由国际计量局给出, 表示下的溯源路线线。

注1: 1 kg质量基准砝码其真空中质量值由国际计量局给出, 测量结果的扩展不确定度 U 与其最大允许误差绝对值比值应满足 $U/MPEV \leq 1/3$。

注2: 在检定中, 被检砝码, 被检量计量器具的扩展不确定度U与其最大允许误差绝对值比值应满足 $U/MPEV \leq 1/3$。

注3: 计量器具可能会有新产品或不同的名称, 在检定系统表中不可能全部列出, 对未列入检定系统表中的工作计量器具, 必要时可根据其被测量, 测量范围和工作原理, 确定适合的量值传递途径。

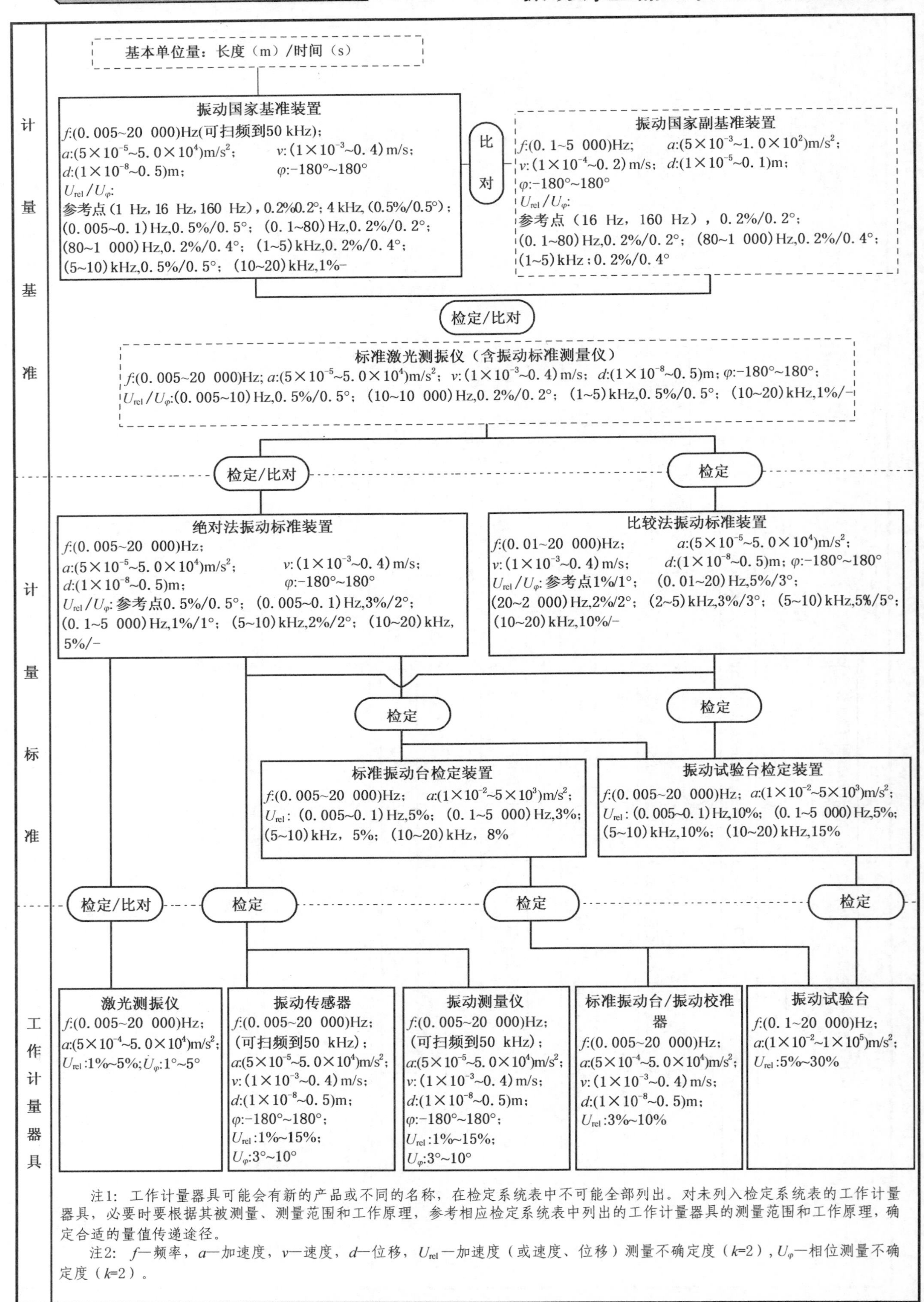

计量基准

振动国家基准装置

f:(0.005~20 000)Hz(可扫频到50 kHz)；
a:(5×10⁻⁵~5.0×10⁴)m/s²；　　v:(1×10⁻³~0.4) m/s；
d:(1×10⁻⁸~0.5)m；　　　　　　φ:-180°~180°
U_{rel}/U_φ：
参考点(1 Hz, 16 Hz, 160 Hz)，0.2%/0.2°；4 kHz, (0.5%/0.5°)；
(0.005~0.1) Hz,0.5%/0.5°；(0.1~80) Hz,0.2%/0.2°；
(80~1 000) Hz,0.2%/0.4°；(1~5) kHz,0.2%/0.4°；
(5~10) kHz,0.5%/0.5°；(10~20) kHz,1%—

比对

振动国家副基准装置

f:(0.1~5 000)Hz；　　a:(5×10⁻³~1.0×10²)m/s²；
v:(1×10⁻⁴~0.2) m/s；d:(1×10⁻⁵~0.1)m；
φ:-180°~180°
U_{rel}/U_φ：
参考点（16 Hz, 160 Hz），0.2%/0.2°；
(0.1~80) Hz,0.2%/0.2°；(80~1 000) Hz,0.2%/0.4°；
(1~5) kHz；0.2%/0.4°

检定/比对

标准激光测振仪（含振动标准测量仪）

f:(0.005~20 000)Hz；a:(5×10⁻⁵~5.0×10⁴)m/s²；v:(1×10⁻³~0.4) m/s；d:(1×10⁻⁸~0.5)m；φ:-180°~180°；
U_{rel}/U_φ:(0.005~10) Hz,0.5%/0.5°；(10~10 000) Hz,0.2%/0.2°；(1~5) kHz,0.5%/0.5°；(10~20) kHz,1%/—

计量标准

检定/比对　　　　　　　　　　　　　检定

绝对法振动标准装置

f:(0.005~20 000)Hz；
a:(5×10⁻⁵~5.0×10⁴)m/s²；v:(1×10⁻³~0.4) m/s；
d:(1×10⁻⁸~0.5)m；　　　φ:-180°~180°
U_{rel}/U_φ：参考点0.5%/0.5°；(0.005~0.1) Hz,3%/2°；
(0.1~5 000) Hz,1%/1°；(5~10) kHz,2%/2°；(10~20) kHz,
5%/—

比较法振动标准装置

f:(0.01~20 000)Hz；　　a:(5×10⁻⁵~5.0×10⁴)m/s²；
v:(1×10⁻³~0.4) m/s；　　d:(1×10⁻⁸~0.5)m；φ:-180°~180°
U_{rel}/U_φ：参考点1%/1°；(0.01~20) Hz,5%/3°；
(20~2 000)Hz,2%/2°；(2~5) kHz,3%/3°；(5~10) kHz,5%/5°；
(10~20) kHz,10%/—

检定　　　　　　　　　　检定

标准振动台检定装置

f:(0.005~20 000)Hz；　a:(1×10⁻²~5×10³)m/s²；
U_{rel}：(0.005~0.1) Hz,5%；(0.1~5 000) Hz,3%；
(5~10) kHz, 5%；(10~20) kHz, 8%

振动试验台检定装置

f:(0.005~20 000)Hz；a:(1×10⁻²~5×10³)m/s²；
U_{rel}：(0.005~0.1) Hz,10%；(0.1~5 000) Hz,5%；
(5~10) kHz,10%；(10~20) kHz,15%

检定/比对　　　检定　　　　　　　　检定　　　　　　　　　　检定

工作计量器具

激光测振仪

f:(0.005~20 000)Hz；
a:(5×10⁻⁴~5.0×10⁴)m/s²；
U_{rel}:1%~5%；U_φ:1°~5°

振动传感器

f:(0.005~20 000)Hz；
（可扫频到50 kHz）；
a:(5×10⁻⁵~5.0×10⁴)m/s²；
v:(1×10⁻³~0.4) m/s；
d:(1×10⁻⁸~0.5)m；
φ:-180°~180°；
U_{rel}:1%~15%；
U_φ:3°~10°

振动测量仪

f:(0.005~20 000)Hz；
（可扫频到50 kHz）；
a:(5×10⁻⁵~5.0×10⁴)m/s²；
v:(1×10⁻³~0.4) m/s；
d:(1×10⁻⁸~0.5)m；
φ:-180°~180°；
U_{rel}:1%~15%；
U_φ:3°~10°

标准振动台/振动校准器

f:(0.005~20 000)Hz；
a:(5×10⁻⁴~5.0×10⁴)m/s²；
v:(1×10⁻³~0.4) m/s；
d:(1×10⁻⁸~0.5)m；
U_{rel}:3%~10%

振动试验台

f:(0.1~20 000)Hz；
a:(1×10⁻²~1×10⁵)m/s²；
U_{rel}:5%~30%

注1：工作计量器具可能会有新的产品或不同的名称，在检定系统表中不可能全部列出。对未列入检定系统表的工作计量器具，必要时要根据其被测量、测量范围和工作原理，参考相应检定系统表中列出的工作计量器具的测量范围和工作原理，确定合适的量值传递途径。

注2：f—频率，a—加速度，v—速度，d—位移，U_{rel}—加速度（或速度、位移）测量不确定度（k=2），U_φ—相位测量不确定度（k=2）。

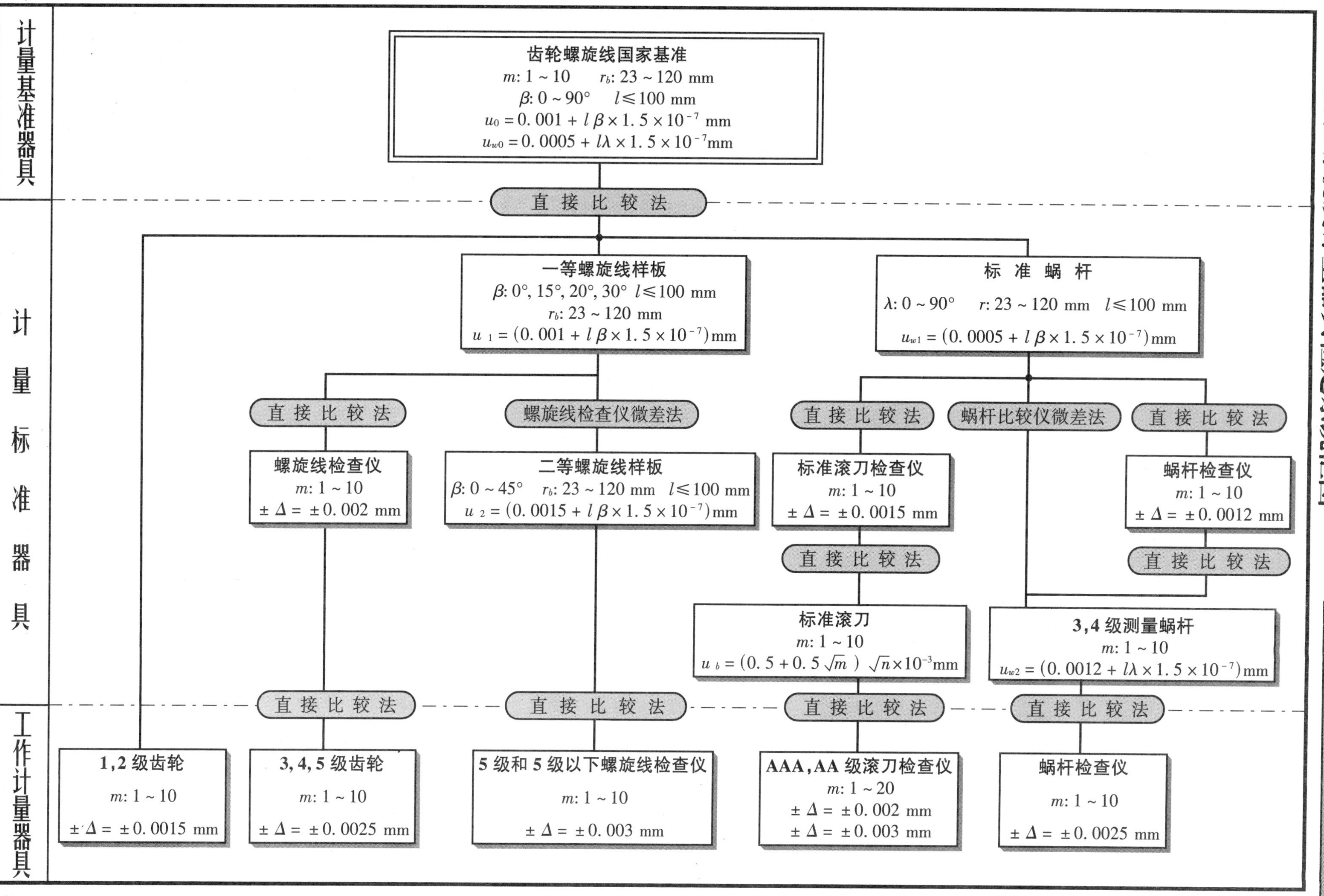

长度计量器具(量块部分)检定系统框图

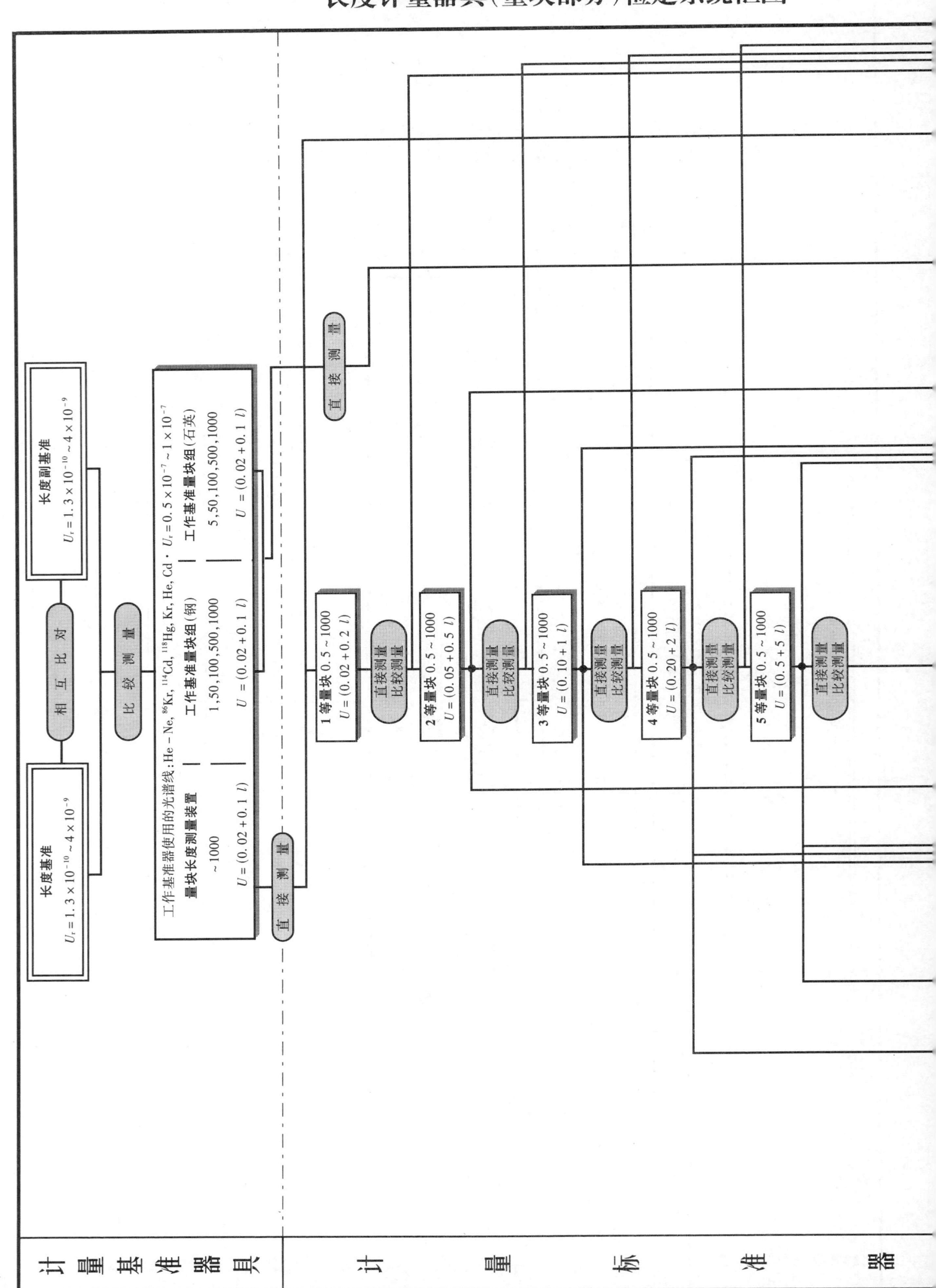

长度计量器具(量块部分)检定系统框图

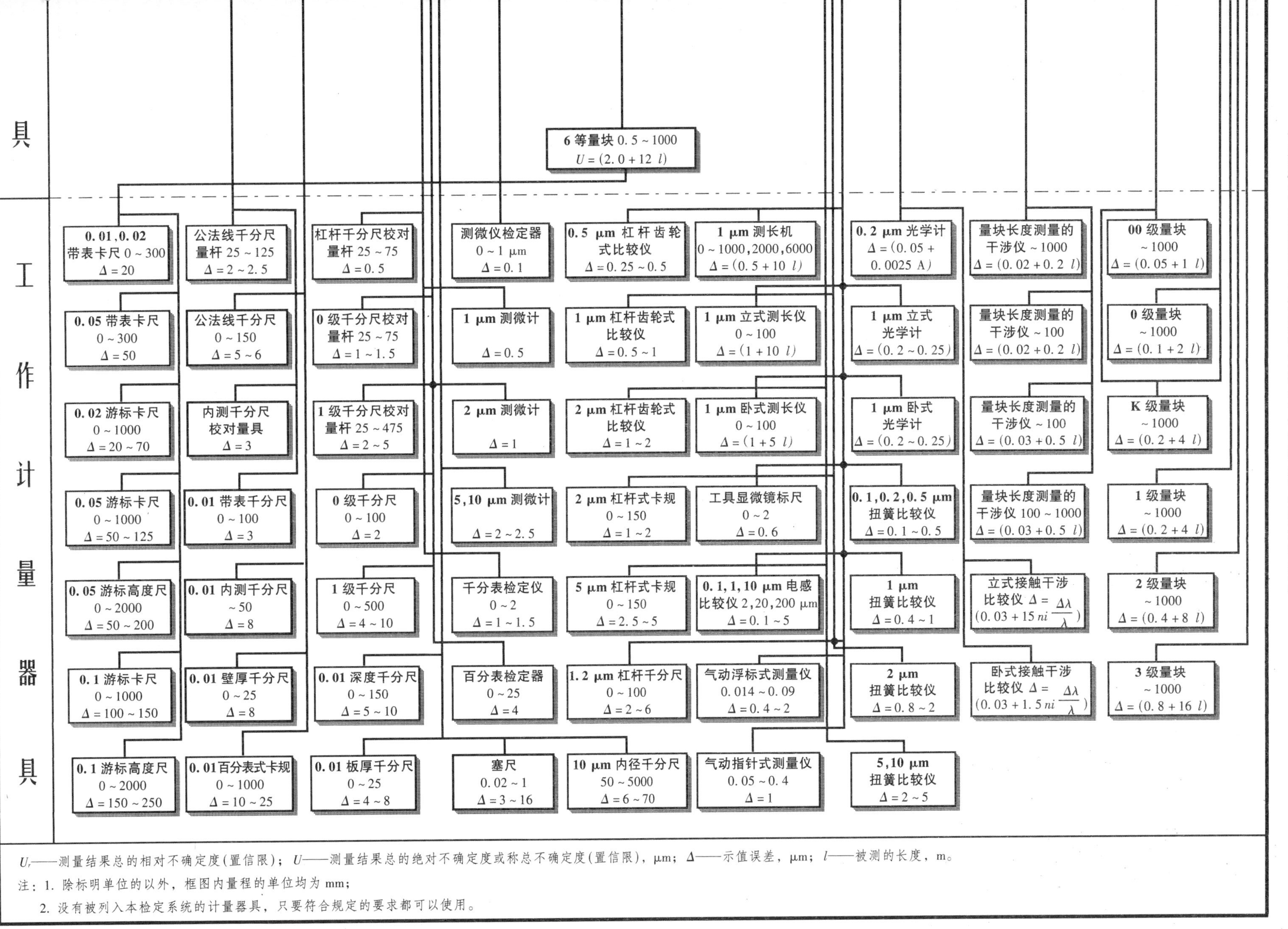

注：1. 除有标明单位的以外，框图中量具检定系统的计量器具的单位均为 mm。
2. 没有被列入本检定系统的计量器具，只要符合规定的要求都可以使用。

平面角计量器具检定系统表框图

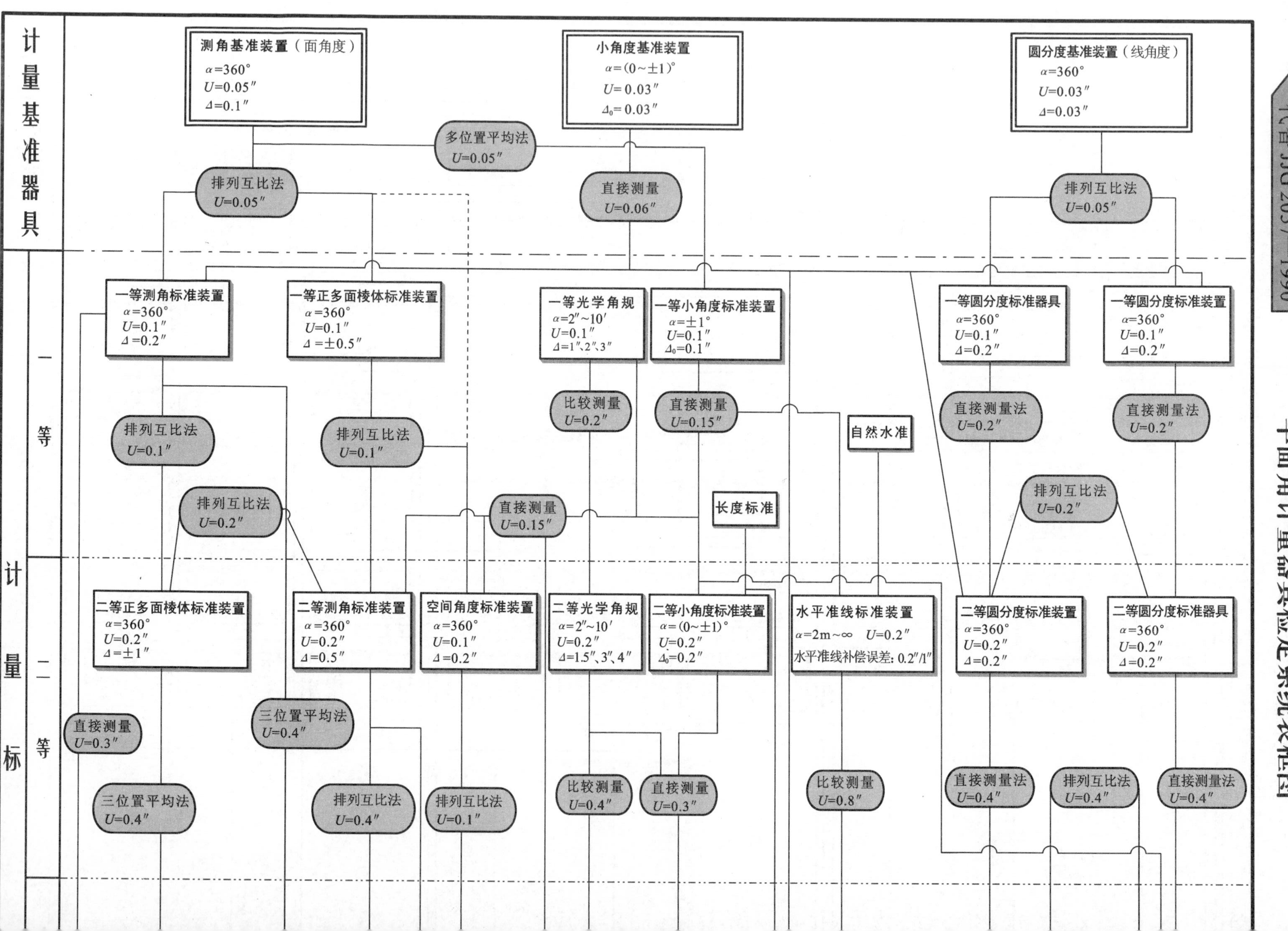

平面角计量器具检定系统表框图

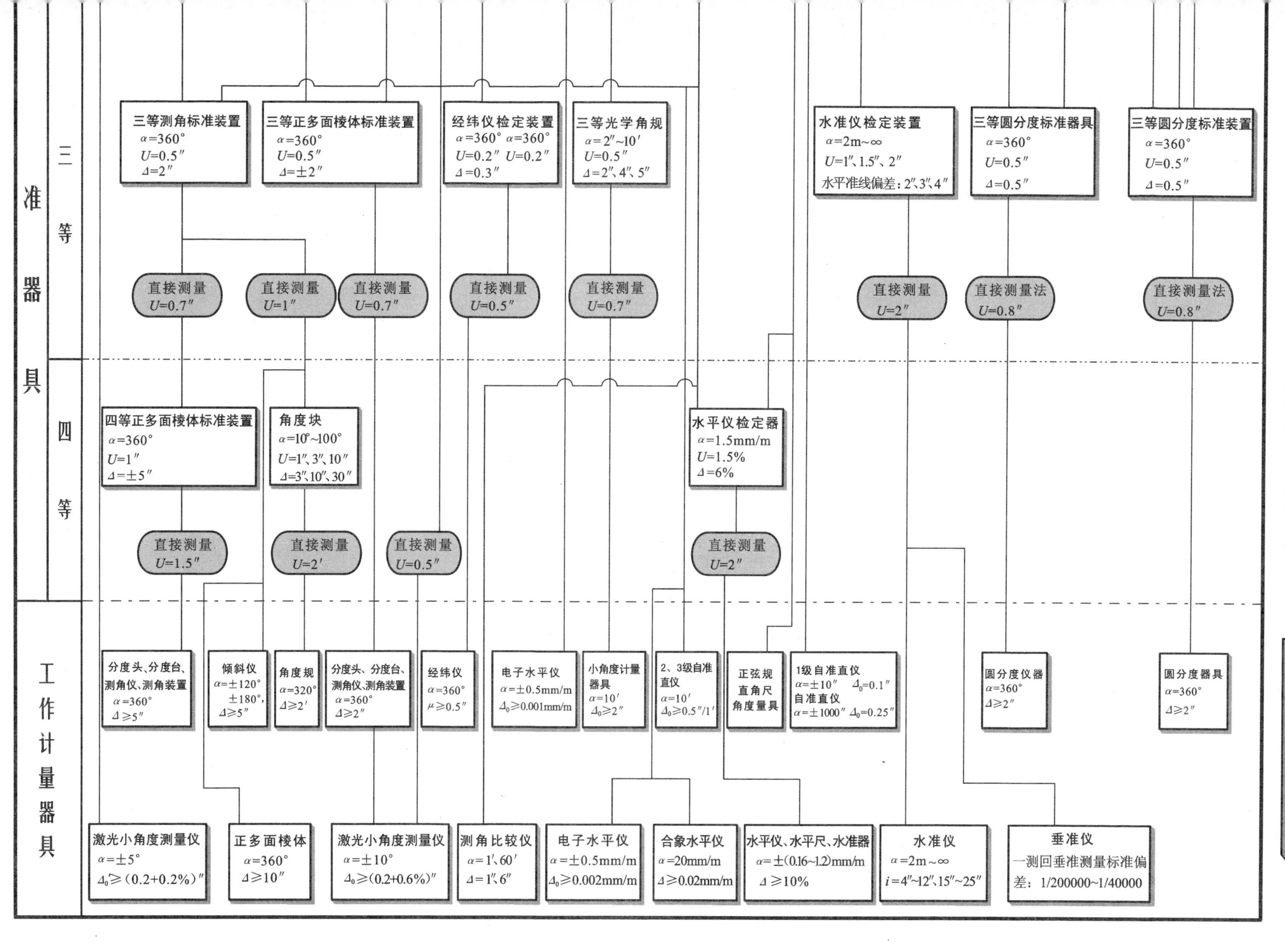

平面角计量器具检定系统表框图

检定系统表框图说明：

在本系统表中各种图形及符号分别代表以下内容：

方框——为基标准器具或工作计量器具；

椭圆型框——为测量方法；

α——表示测量范围；

U——在基标准计量器具中表示为量值的测量扩展不确定度，在测量方法中表示为该项标准的最佳测量能力；

k——为包含因子，均为2；

$\varDelta$——表示最大分度间隔误差；

$\varDelta_0$——表示以零位为起点的最大分度间隔误差；

μ——表示为一测回水平方向标准偏差；

i——表示为水平准线偏差或视准线误差。

最佳测量能力：是指通常提供给用户的最高测量水平，它用包含因子$k=2$的扩展不确定度表示。

燃烧热计量器具检定系统框图

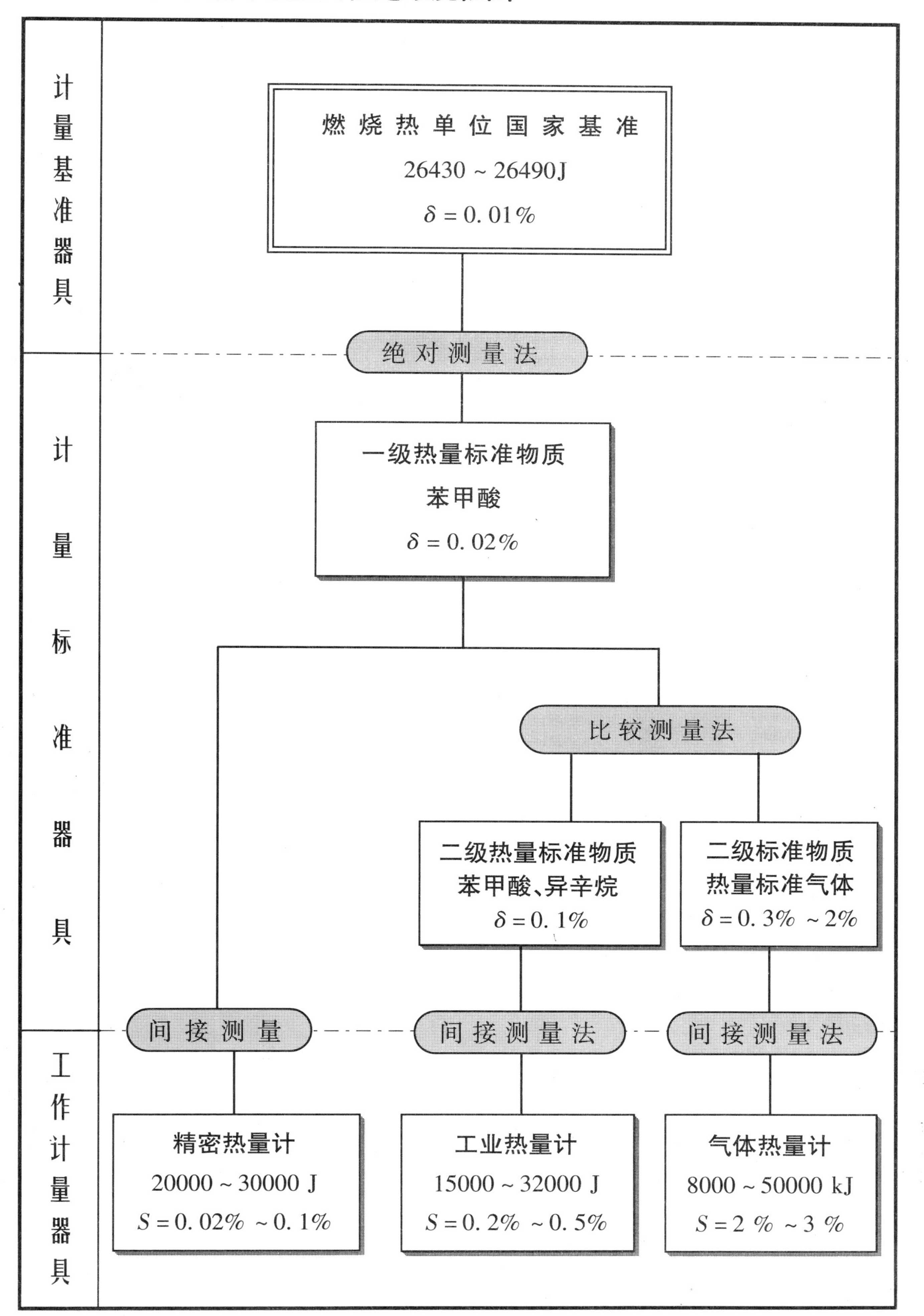

电导率计量器具检定系统表框图

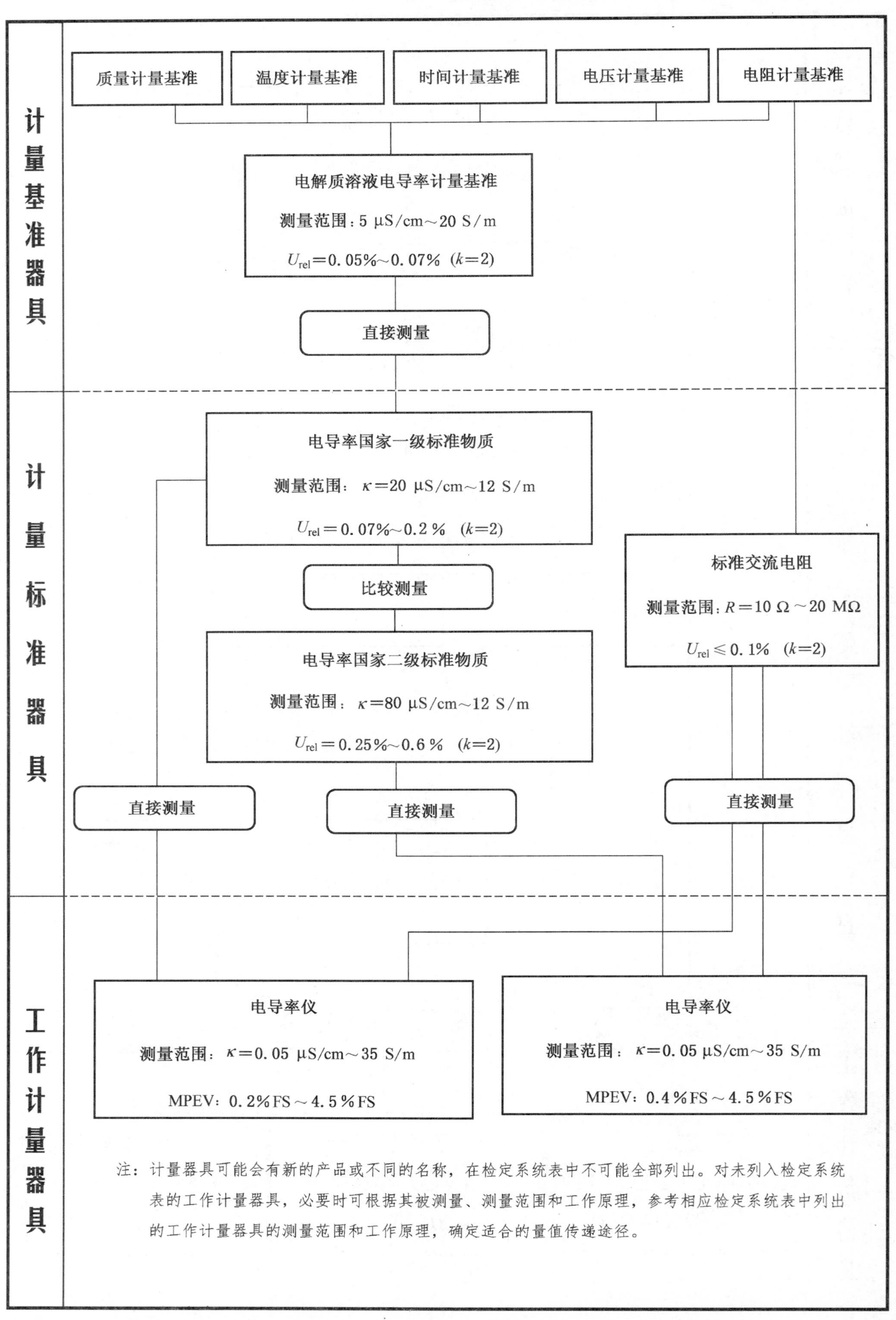

计量基准器具

质量计量基准　温度计量基准　时间计量基准　电压计量基准　电阻计量基准

电解质溶液电导率计量基准

测量范围：5 µS/cm～20 S/m

$U_{rel}=0.05\%\sim0.07\%$ $(k=2)$

直接测量

计量标准器具

电导率国家一级标准物质

测量范围：$\kappa=20$ µS/cm～12 S/m

$U_{rel}=0.07\%\sim0.2\%$ $(k=2)$

比较测量

标准交流电阻

测量范围：$R=10$ Ω～20 MΩ

$U_{rel}\leqslant0.1\%$ $(k=2)$

电导率国家二级标准物质

测量范围：$\kappa=80$ µS/cm～12 S/m

$U_{rel}=0.25\%\sim0.6\%$ $(k=2)$

直接测量　　直接测量　　直接测量

工作计量器具

电导率仪

测量范围：$\kappa=0.05$ µS/cm～35 S/m

MPEV：0.2%FS～4.5%FS

电导率仪

测量范围：$\kappa=0.05$ µS/cm～35 S/m

MPEV：0.4%FS～4.5%FS

注：计量器具可能会有新的产品或不同的名称，在检定系统表中不可能全部列出。对未列入检定系统
　　表的工作计量器具，必要时可根据其被测量、测量范围和工作原理，参考相应检定系统表中列出
　　的工作计量器具的测量范围和工作原理，确定适合的量值传递途径。

pH（酸度）计量器具检定系统表框图

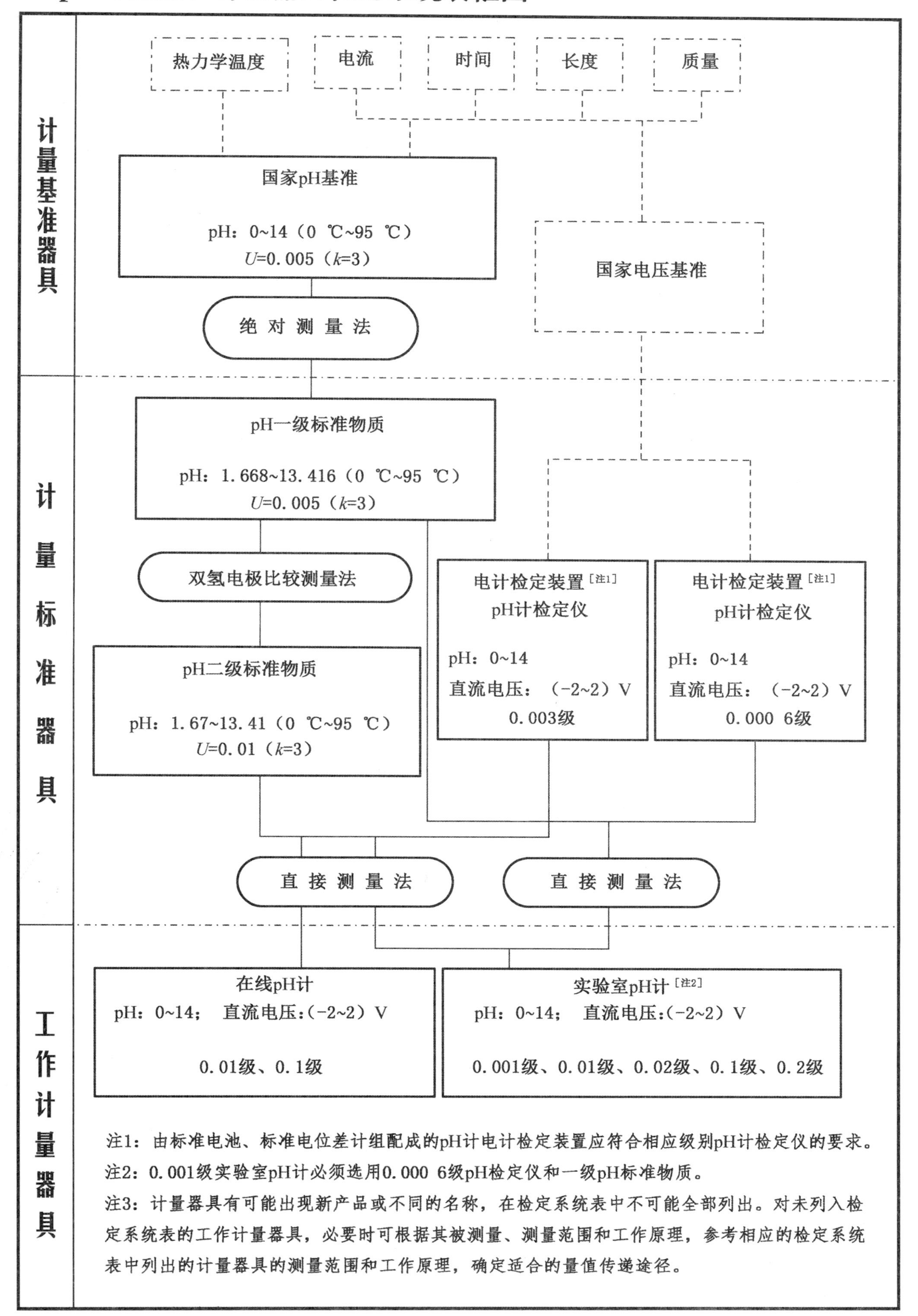

注1：由标准电池、标准电位差计组配成的pH计电计检定装置应符合相应级别pH计检定仪的要求。

注2：0.001级实验室pH计必须选用0.000 6级pH检定仪和一级pH标准物质。

注3：计量器具有可能出现新产品或不同的名称，在检定系统表中不可能全部列出。对未列入检定系统表的工作计量器具，必要时可根据其被测量、测量范围和工作原理，参考相应的检定系统表中列出的计量器具的测量范围和工作原理，确定适合的量值传递途径。

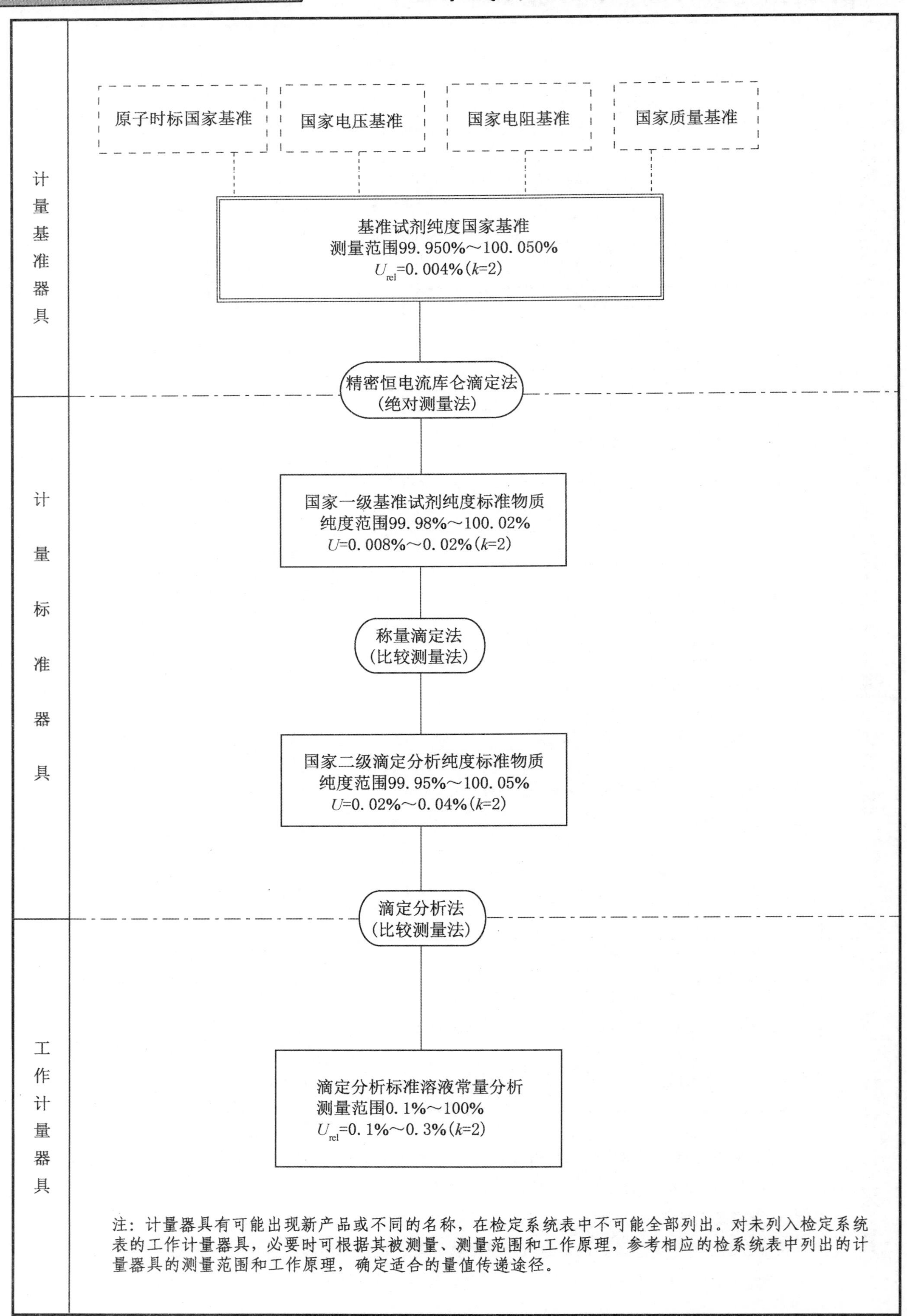

计量基准器具

原子时标国家基准　国家电压基准　国家电阻基准　国家质量基准

基准试剂纯度国家基准
测量范围99.950%～100.050%
U_{rel}=0.004%(k=2)

精密恒电流库仑滴定法
（绝对测量法）

计量标准器具

国家一级基准试剂纯度标准物质
纯度范围99.98%～100.02%
U=0.008%～0.02%(k=2)

称量滴定法
（比较测量法）

国家二级滴定分析纯度标准物质
纯度范围99.95%～100.05%
U=0.02%～0.04%(k=2)

滴定分析法
（比较测量法）

工作计量器具

滴定分析标准溶液常量分析
测量范围0.1%～100%
U_{rel}=0.1%～0.3%(k=2)

注：计量器具有可能出现新产品或不同的名称，在检定系统表中不可能全部列出。对未列入检定系统表的工作计量器具，必要时可根据其被测量、测量范围和工作原理，参考相应的检系统表中列出的计量器具的测量范围和工作原理，确定适合的量值传递途径。

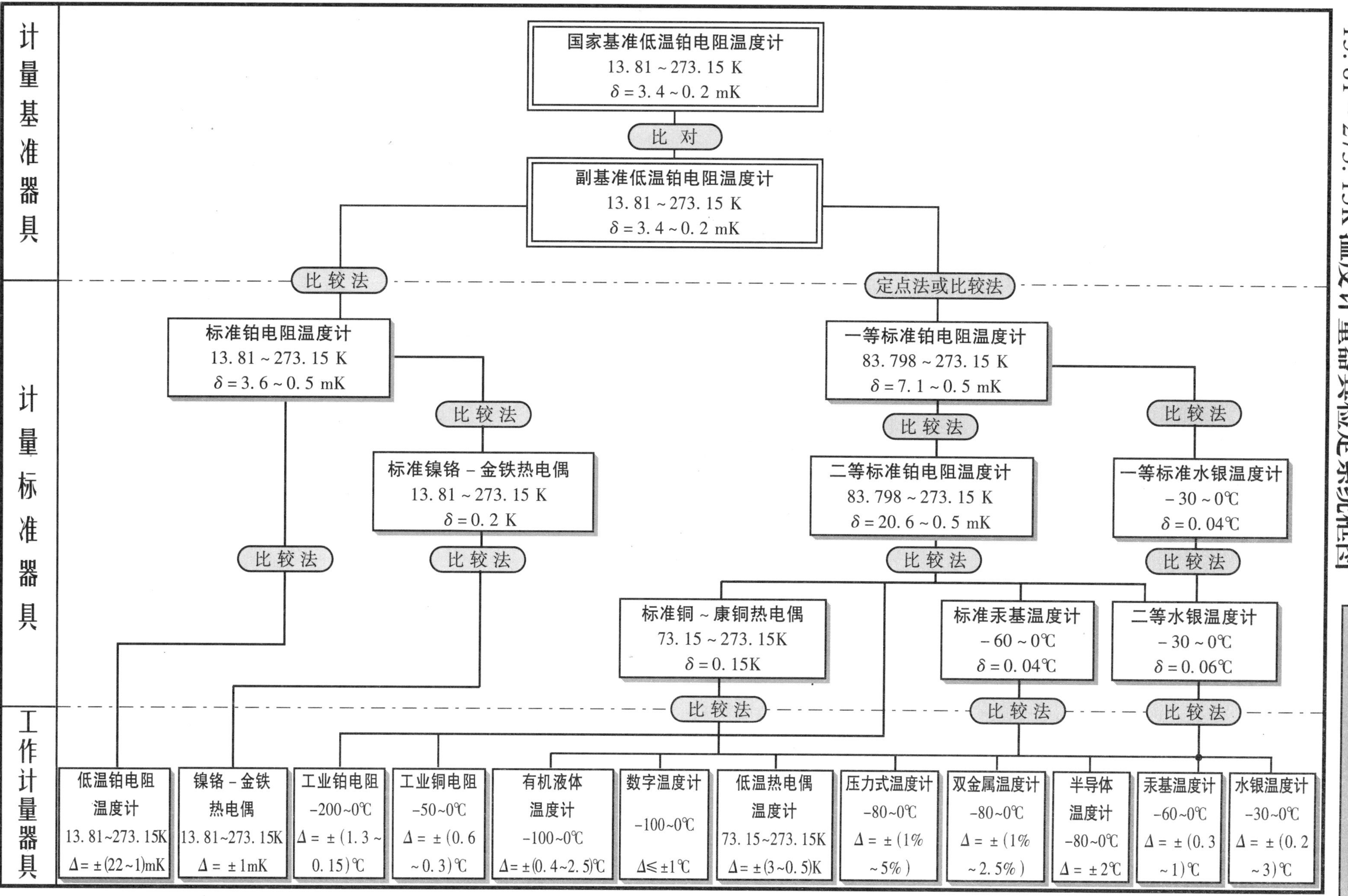

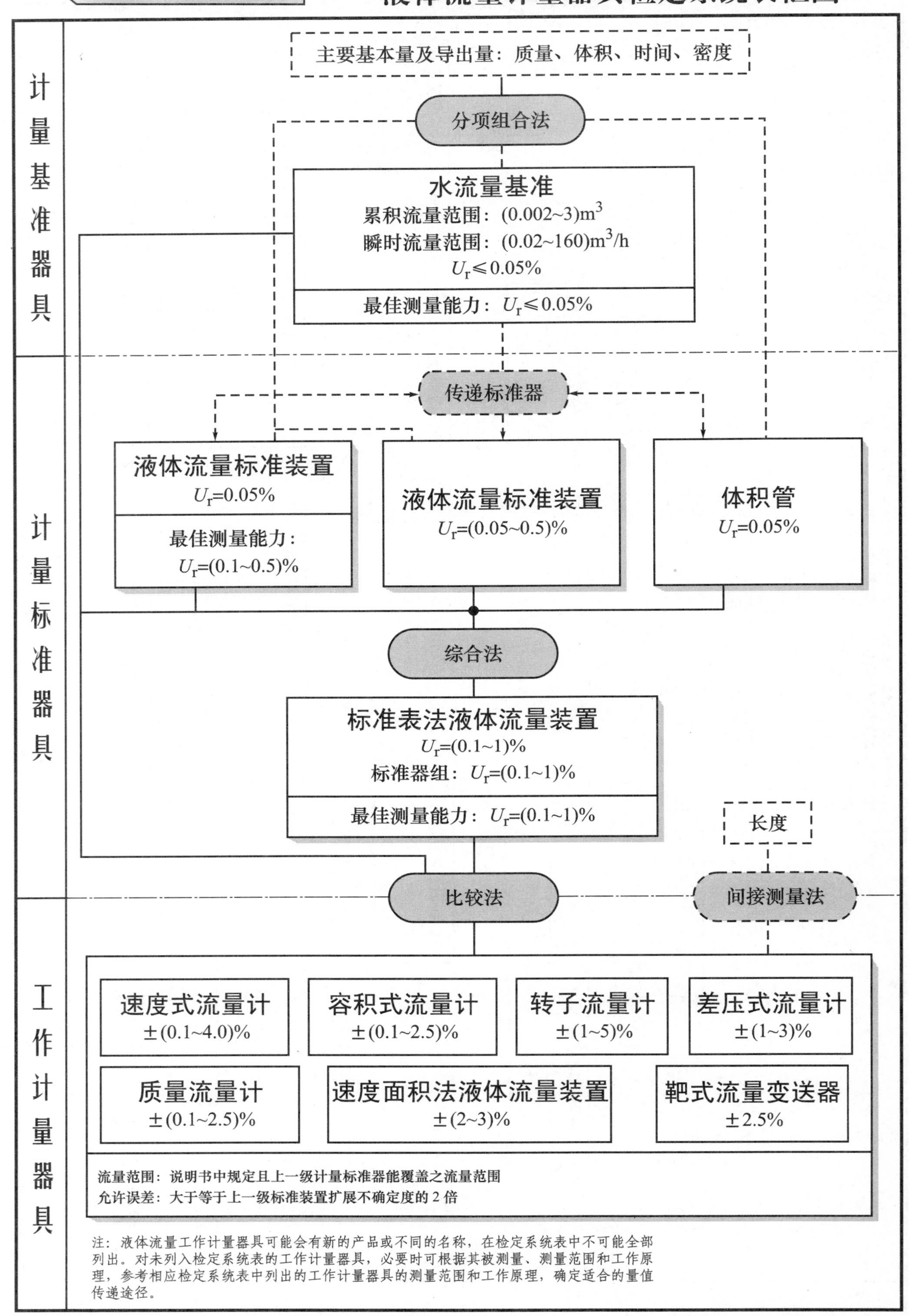

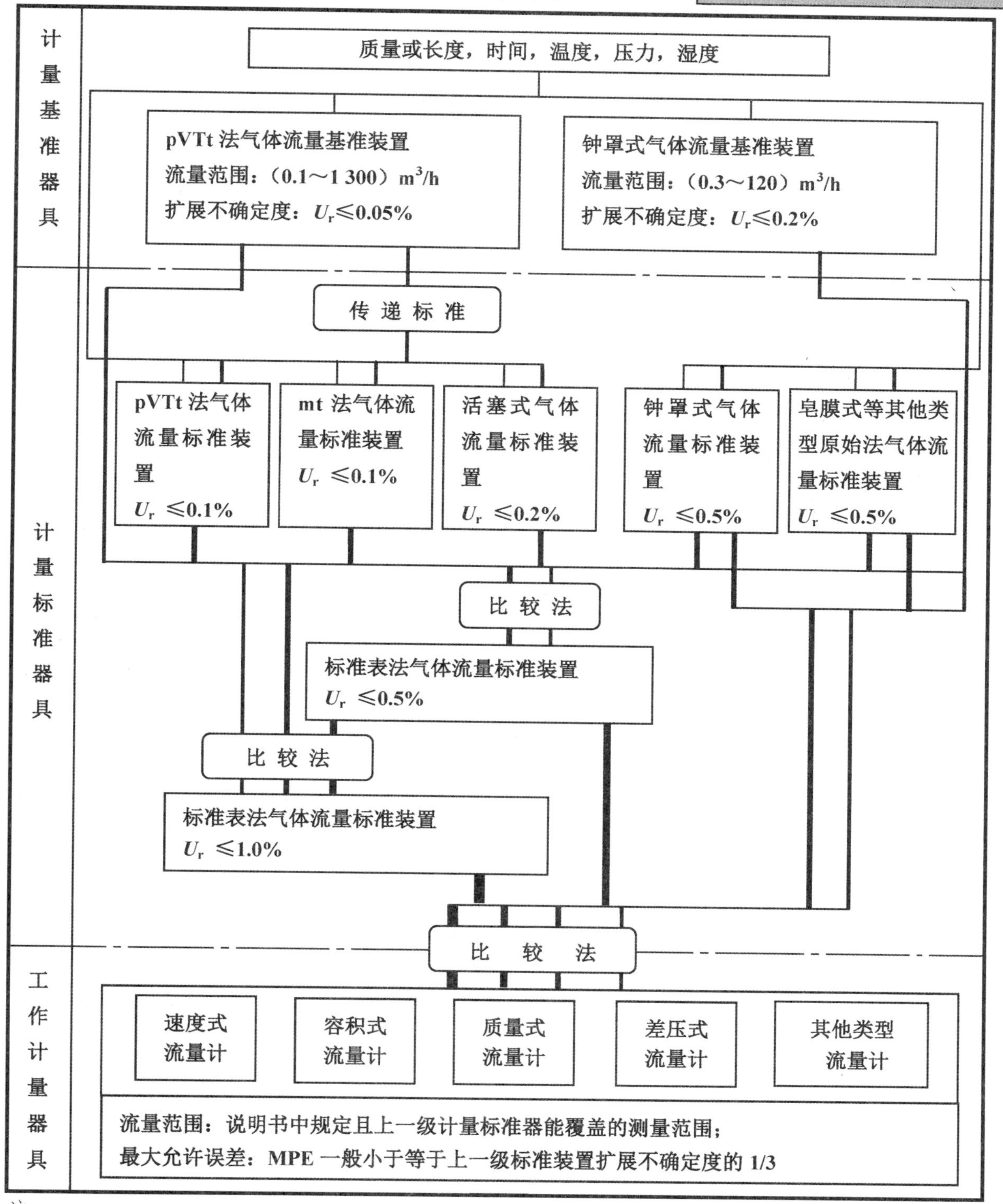

注：

1 天然气等其他介质需要气体组分的测量；

2 框图中扩展不确定度的包含因子 $k=2$；

3 ── 溯源至基本量；━━ 溯源至基准装置；

━━ 溯源至原始法标准装置；━━ ━━ 溯源至标准表法标准装置；

4 计量器具可能会有新的产品或不同的名称，在检定系统表中不可能全部列出。对未列入检定系统表的工作计量器具，必要时可根据其被测量、测量范围和工作原理，参考相应检定系统表中列出的计量器具的测量范围和工作原理，确定适合的量值传递途径。

石油螺纹计量器具检定系统框图

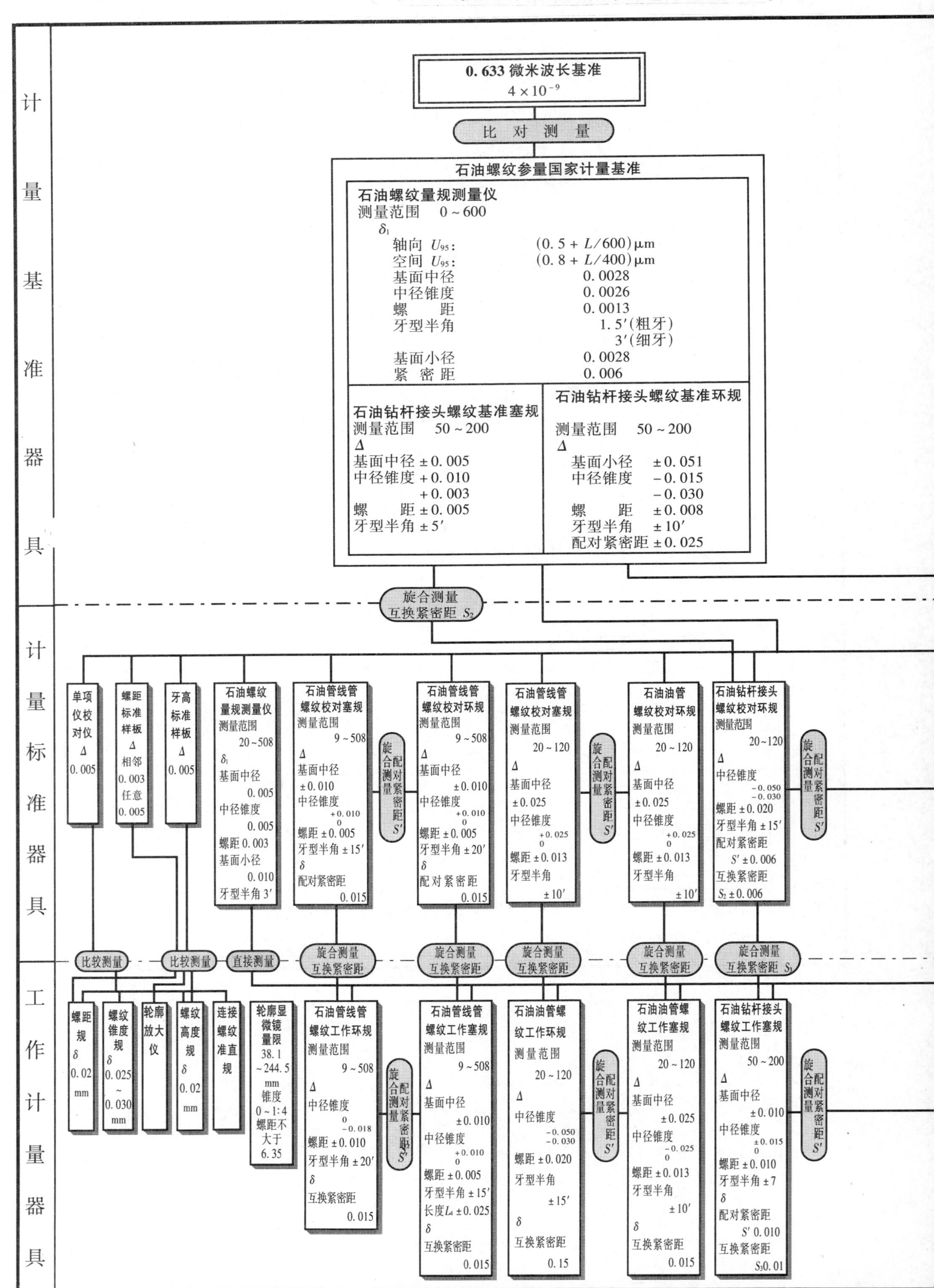

石油螺纹计量器具检定系统框图

符号说明：

δ_0——测量结果总的相对不确定度(3σ)；

δ'_1——测量结果总不确定度(2δ)；

δ——测量结果总的绝对不确定度(3σ)；

Δ——极限偏差；

S'——螺纹塞规和环规的配对紧密距；

S_1——基准环规对校对塞规的传递紧密距；

S_2——基准塞规对校对环规的传递紧密距；

S_3——校对环规对工作塞规的传递紧密距；

S_4——校对塞规对工作环规的传递紧密距。

图中除已标注单位外其它均为 mm。

注(1)螺距大于 3.175mm 的为粗牙螺纹，小于等于 3.175mm 的为细牙螺纹。

(2)传递紧密距亦称互换紧密距。

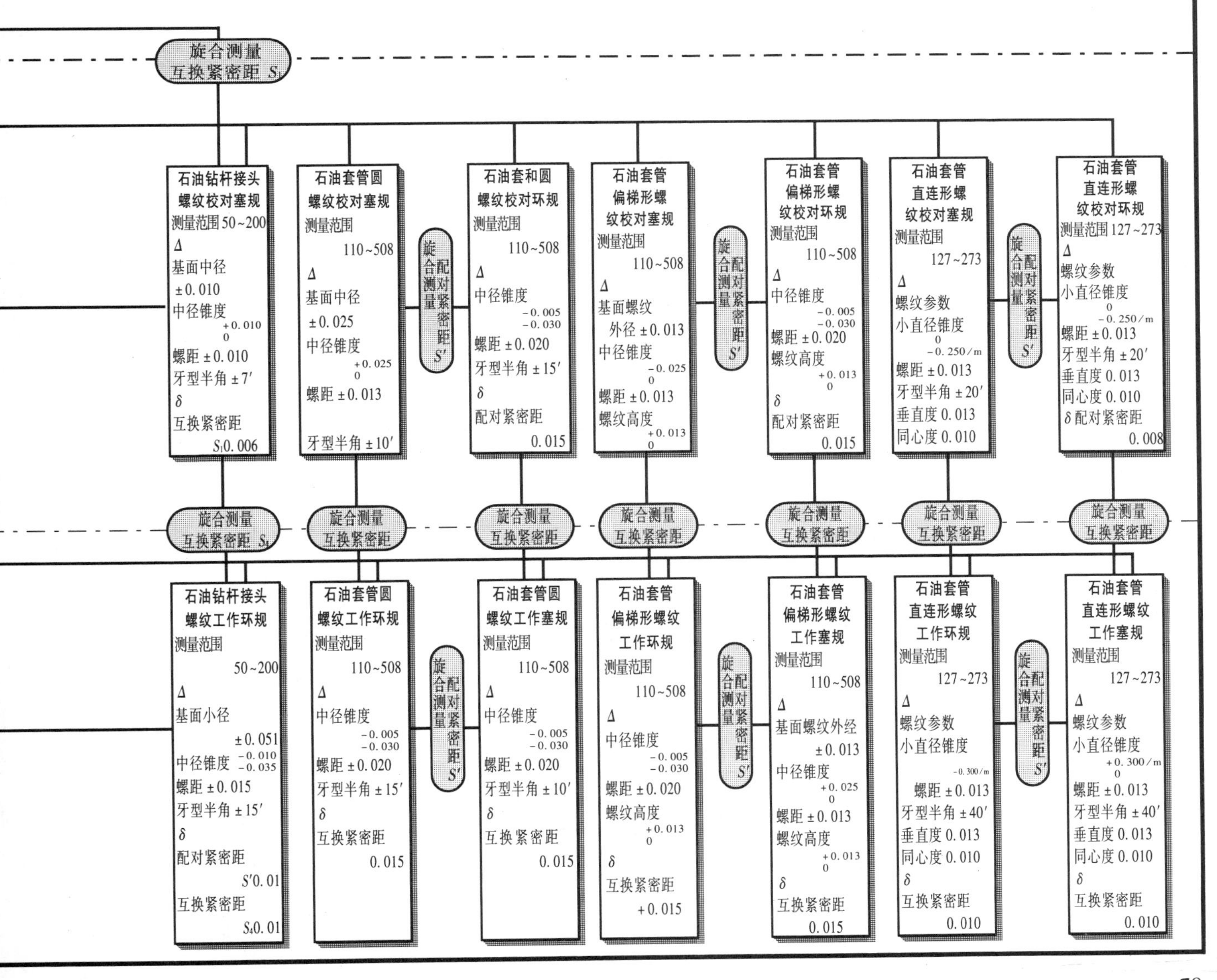

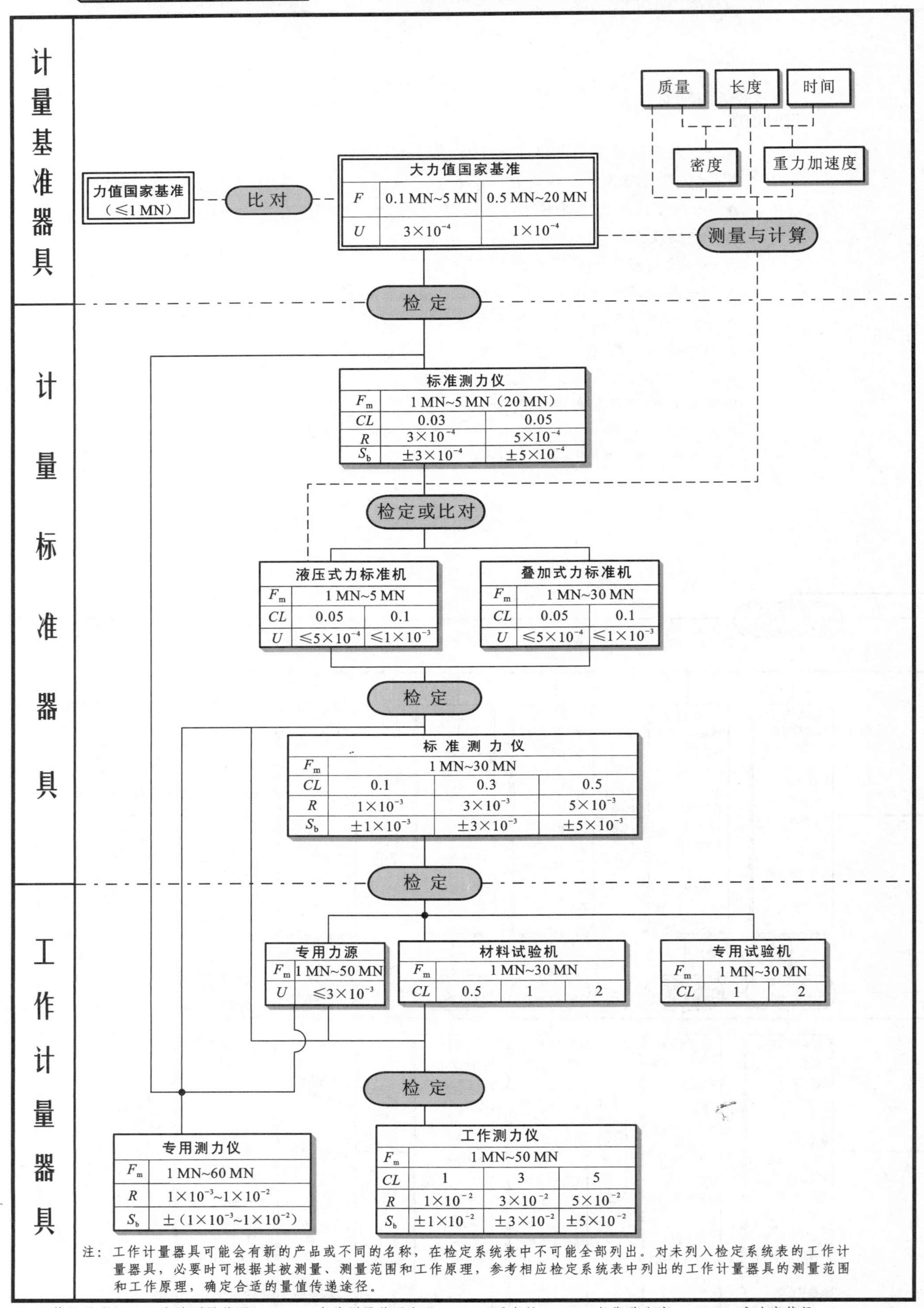

计量基准器具

力值国家基准 （≤1 MN）	- - -	比 对

大力值国家基准		
F	0.1 MN～5 MN	0.5 MN～20 MN
U	$3×10^{-4}$	$1×10^{-4}$

质量	长度	时间

密度	重力加速度

测量与计算

检 定

计量标准器具

标准测力仪		
F_m	1 MN～5 MN（20 MN）	
CL	0.03	0.05
R	$3×10^{-4}$	$5×10^{-4}$
S_b	$±3×10^{-4}$	$±5×10^{-4}$

检定或比对

液压式力标准机		
F_m	1 MN～5 MN	
CL	0.05	0.1
U	$≤5×10^{-4}$	$≤1×10^{-3}$

叠加式力标准机		
F_m	1 MN～30 MN	
CL	0.05	0.1
U	$≤5×10^{-4}$	$≤1×10^{-3}$

检 定

标 准 测 力 仪		
F_m	1 MN～30 MN	
CL	0.1	0.3	0.5
R	$1×10^{-3}$	$3×10^{-3}$	$5×10^{-3}$
S_b	$±1×10^{-3}$	$±3×10^{-3}$	$±5×10^{-3}$

检 定

工作计量器具

专用力源	
F_m	1 MN～50 MN
U	$≤3×10^{-3}$

材料试验机		
F_m	1 MN～30 MN	
CL	0.5	1	2

专用试验机	
F_m	1 MN～30 MN
CL	1	2

检 定

专用测力仪	
F_m	1 MN～60 MN
R	$1×10^{-3}～1×10^{-2}$
S_b	$±(1×10^{-3}～1×10^{-2})$

工作测力仪		
F_m	1 MN～50 MN	
CL	1	3	5
R	$1×10^{-2}$	$3×10^{-2}$	$5×10^{-2}$
S_b	$±1×10^{-2}$	$±3×10^{-2}$	$±5×10^{-2}$

注：工作计量器具可能会有新的产品或不同的名称，在检定系统表中不可能全部列出。对未列入检定系统表的工作计量器具，必要时可根据其被测量、测量范围和工作原理，参考相应检定系统表中列出的工作计量器具的测量范围和工作原理，确定合适的量值传递途径。

符号说明：F—力值测量范围　　F_m—力值测量范围上限　　R—重复性　　S_b—长期稳定度　　CL—准确度等级
　　　　　U—扩展不确定度（计量基准 k=3，计量标准或工作计量器具　　k=2）

金属洛氏硬度计量器具检定系统表框图

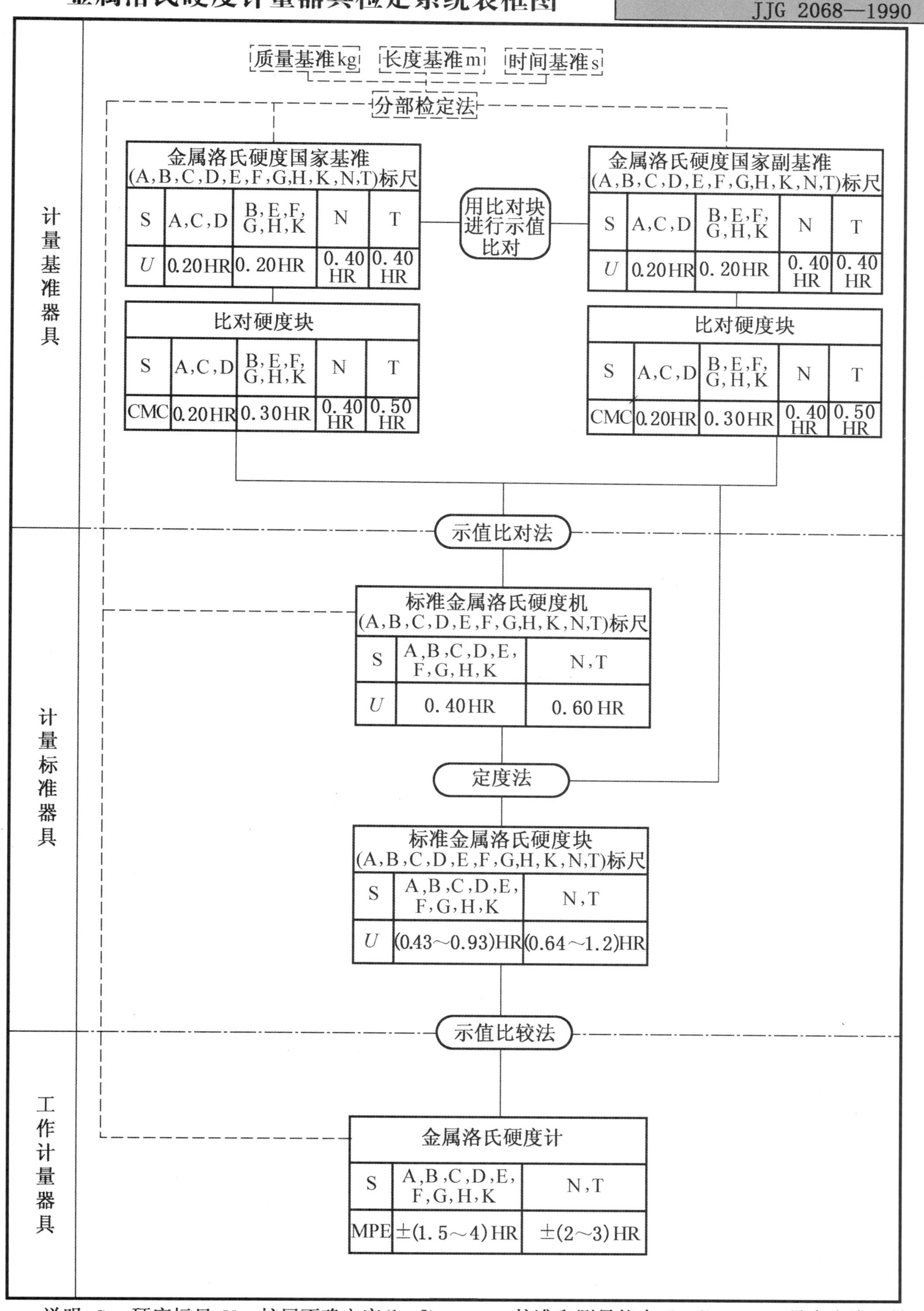

说明：S—硬度标尺；U—扩展不确定度(k=2)；CMC—校准和测量能力(k=2)；MPE—最大允许误差。

镜向光泽度计量器具检定系统表框图

计量基准	**镜向光泽度计量基准器** 复现量值范围:(70.0～110.0)光泽单位($\theta=20°～85°$) 不确定度:$U\leqslant0.7$光泽单位($k=3$) **镜向光泽度基准装置及基准板** 最佳测量能力 $U=0.5$ 光泽单位($k=2$) 直　接　测　量　法
计量标准	**镜向光泽度计量标准器** 光泽度范围:(10.0～120.0)光泽单位 测量范围:(0.0～150.0)光泽单位 不确定度:$U\leqslant1.0$光泽单位($k=2$) **标准光泽度计及标准板组** 最佳测量能力 $U=0.8$ 光泽单位($k=2$) 直　接　测　量　法
工作计量器具	**一级光泽度计**　测量范围:(0.0～120.0)光泽单位　示值误差 Δ:±1.5光泽单位 **二级光泽度计**　测量范围:(0～100)光泽单位　示值误差 Δ:±2.5光泽单位 **光泽度工作板**　测量范围:(10.0～120.0)光泽单位　示值误差 Δ:±1.0光泽单位

注:计量器具可能会有新的产品或不同的名称,在检定系统表中不可能全部列出。对未列入检定系统表的工作计量器具,必要时可根据其被测量、测量范围和工作原理,参考相应检定系统表中列出的计量器具的测量范围和工作原理,确定适合的量值传递途径。

(150～2500)MPa压力计量器具检定系统表框图

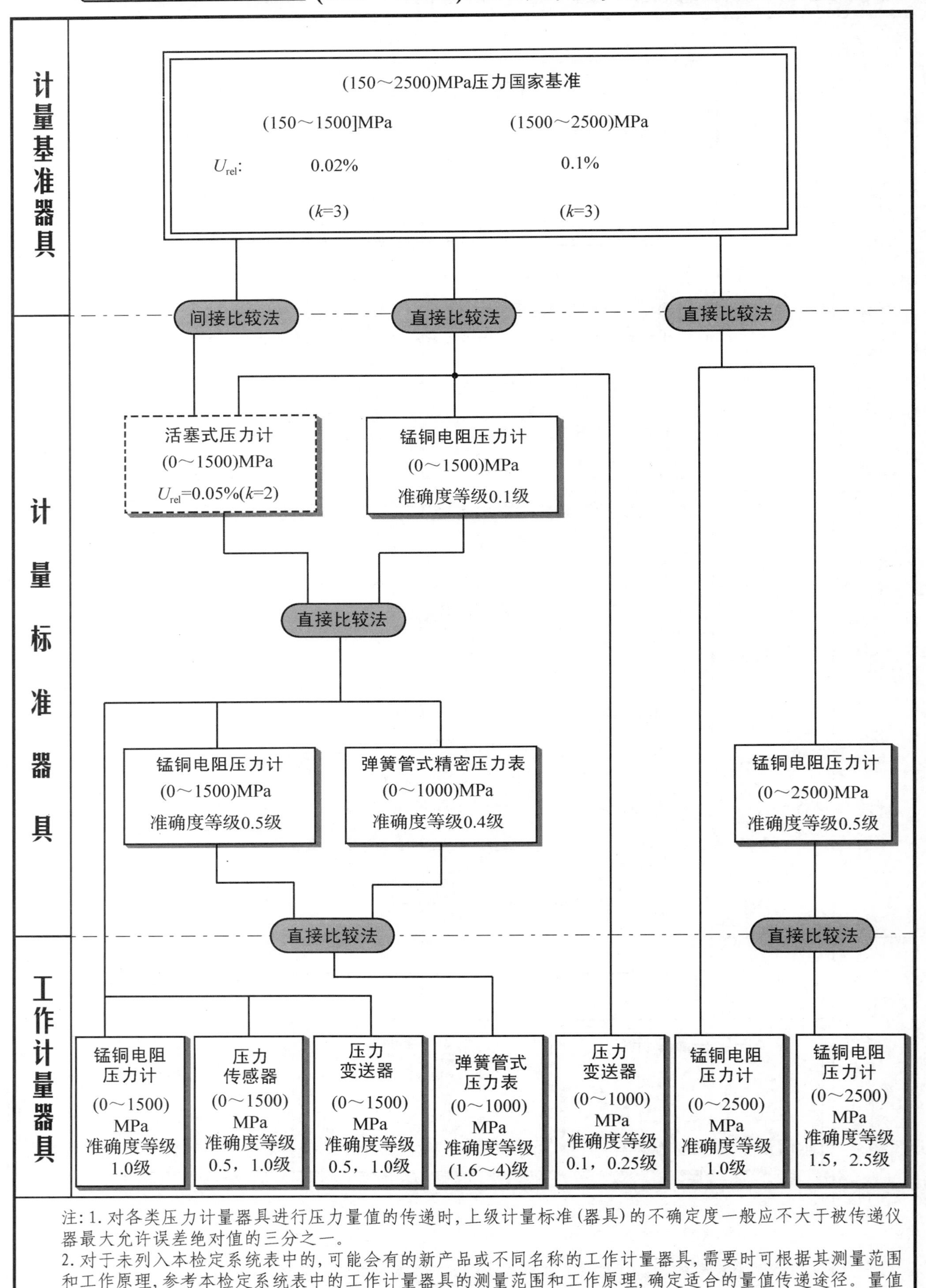

计量基准器具

(150～2500)MPa压力国家基准

(150～1500]MPa	(1500～2500)MPa
U_{rel}: 0.02%	0.1%
(k=3)	(k=3)

间接比较法   直接比较法   直接比较法

计量标准器具

活塞式压力计
(0～1500)MPa
U_{rel}=0.05%(k=2)

锰铜电阻压力计
(0～1500)MPa
准确度等级0.1级

直接比较法

锰铜电阻压力计
(0～1500)MPa
准确度等级0.5级

弹簧管式精密压力表
(0～1000)MPa
准确度等级0.4级

锰铜电阻压力计
(0～2500)MPa
准确度等级0.5级

直接比较法   直接比较法

工作计量器具

锰铜电阻压力计 (0～1500) MPa 准确度等级 1.0级	压力传感器 (0～1500) MPa 准确度等级 0.5，1.0级	压力变送器 (0～1500) MPa 准确度等级 0.5，1.0级	弹簧管式压力表 (0～1000) MPa 准确度等级 (1.6～4)级	压力变送器 (0～1000) MPa 准确度等级 0.1，0.25级	锰铜电阻压力计 (0～2500) MPa 准确度等级 1.0级	锰铜电阻压力计 (0～2500) MPa 准确度等级 1.5，2.5级

注:1.对各类压力计量器具进行压力量值的传递时,上级计量标准(器具)的不确定度一般应不大于被传递仪器最大允许误差绝对值的三分之一。

2.对于未列入本检定系统表中的,可能会有的新产品或不同名称的工作计量器具,需要时可根据其测量范围和工作原理,参考本检定系统表中的工作计量器具的测量范围和工作原理,确定适合的量值传递途径。量值传递时计量标准器具与工作计量器具的允许误差比例需满足相关规定的要求。

(−2.5~2.5)kPa压力计量器具检定系统表框图

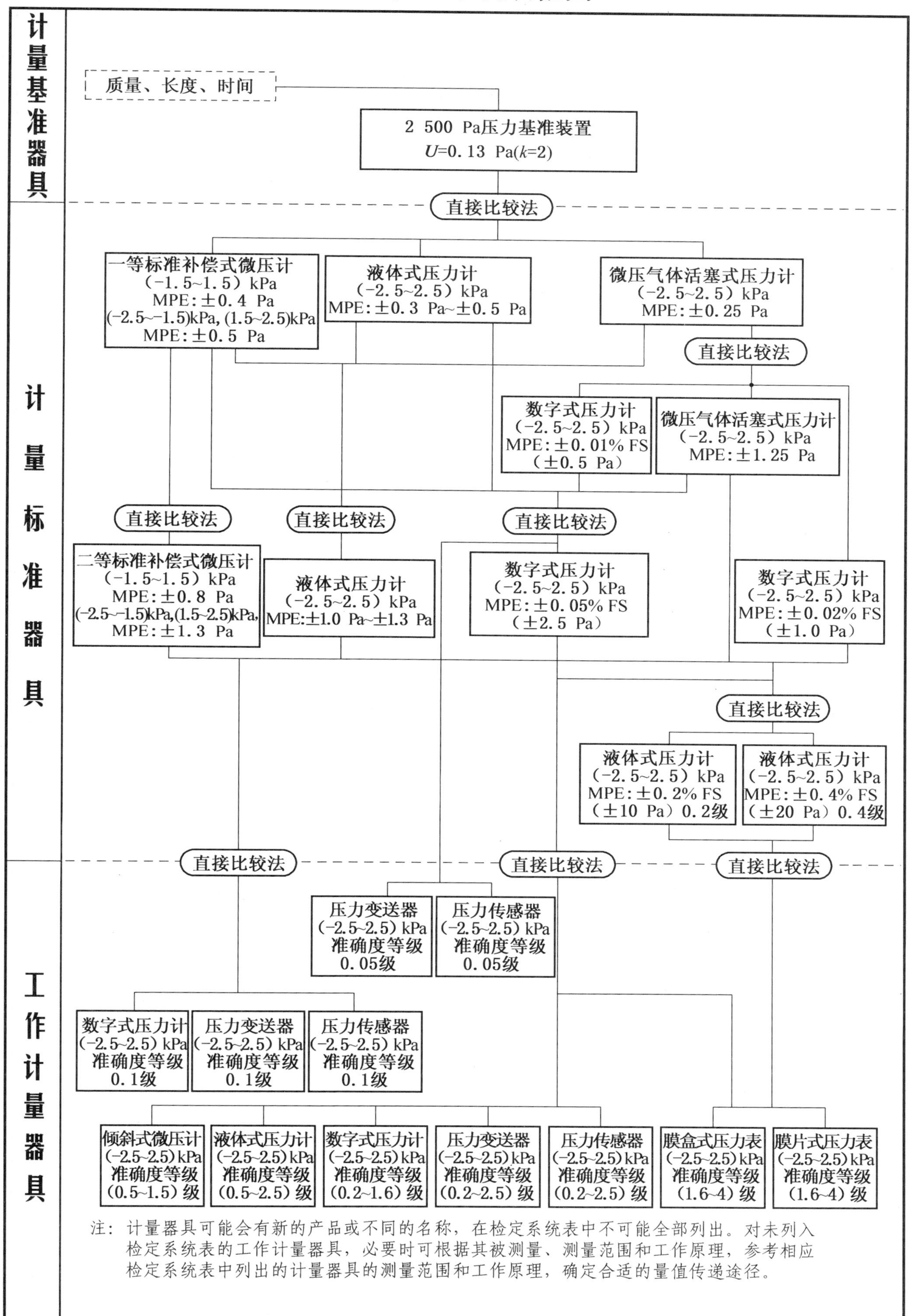

注：计量器具可能会有新的产品或不同的名称，在检定系统表中不可能全部列出。对未列入
检定系统表的工作计量器具，必要时可根据其被测量、测量范围和工作原理，参考相应
检定系统表中列出的计量器具的测量范围和工作原理，确定合适的量值传递途径。

冲击加速度计量器具检定系统表框图

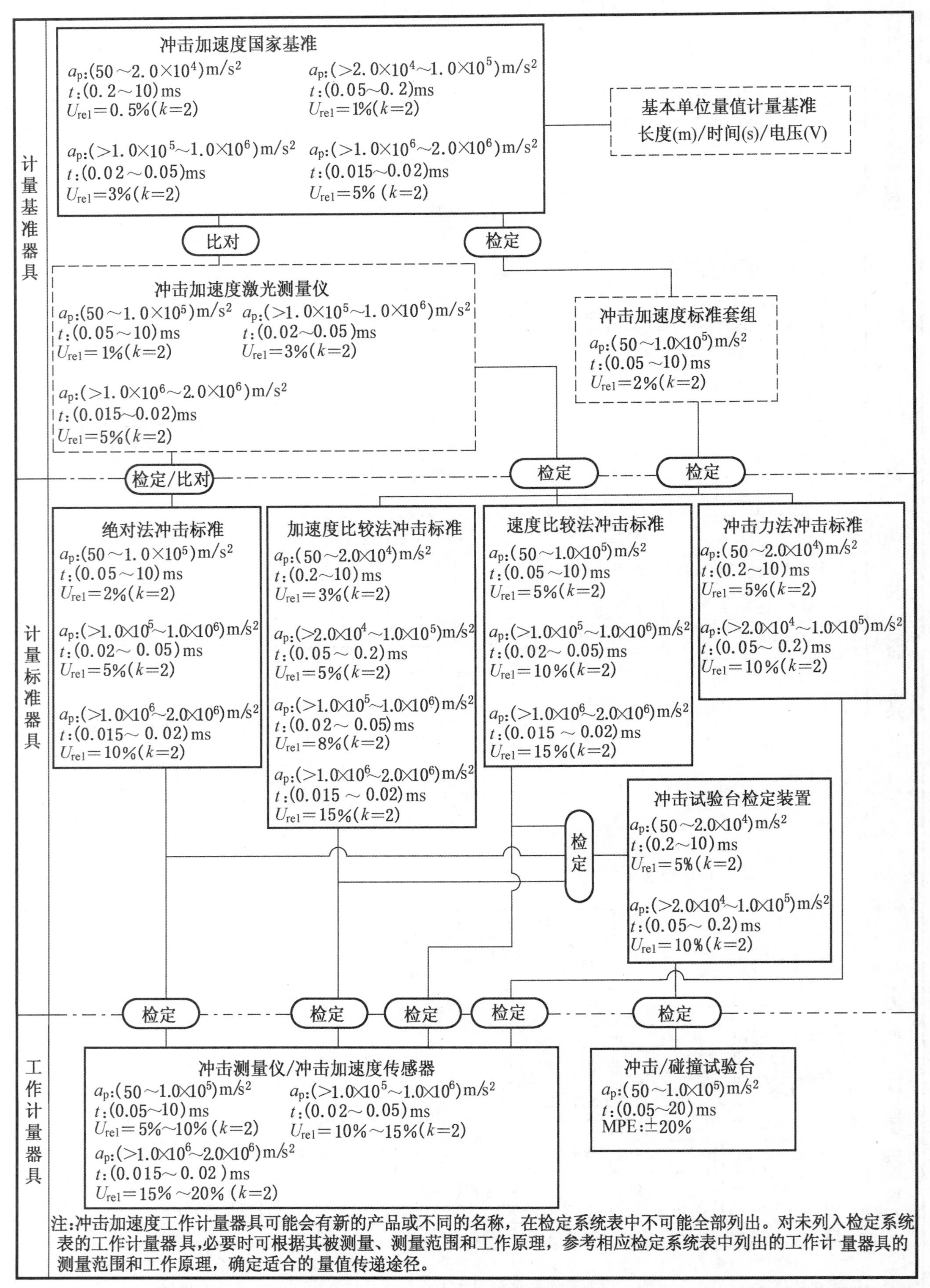

计量基准器具

冲击加速度国家基准

a_p:(50～2.0×10⁴)m/s²
t:(0.2～10)ms
U_rel=0.5%(k=2)

a_p:(>2.0×10⁴～1.0×10⁵)m/s²
t:(0.05～0.2)ms
U_rel=1%(k=2)

a_p:(>1.0×10⁵～1.0×10⁶)m/s²
t:(0.02～0.05)ms
U_rel=3%(k=2)

a_p:(>1.0×10⁶～2.0×10⁶)m/s²
t:(0.015～0.02)ms
U_rel=5%(k=2)

基本单位量值计量基准
长度(m)/时间(s)/电压(V)

比对 · 检定

冲击加速度激光测量仪

a_p:(50～1.0×10⁵)m/s²
t:(0.05～10)ms
U_rel=1%(k=2)

a_p:(>1.0×10⁵～1.0×10⁶)m/s²
t:(0.02～0.05)ms
U_rel=3%(k=2)

a_p:(>1.0×10⁶～2.0×10⁶)m/s²
t:(0.015～0.02)ms
U_rel=5%(k=2)

冲击加速度标准套组
a_p:(50～1.0×10⁵)m/s²
t:(0.05～10)ms
U_rel=2%(k=2)

检定/比对 · 检定 · 检定

计量标准器具

绝对法冲击标准
a_p:(50～1.0×10⁵)m/s²
t:(0.05～10)ms
U_rel=2%(k=2)

a_p:(>1.0×10⁵～1.0×10⁶)m/s²
t:(0.02～0.05)ms
U_rel=5%(k=2)

a_p:(>1.0×10⁶～2.0×10⁶)m/s²
t:(0.015～0.02)ms
U_rel=10%(k=2)

加速度比较法冲击标准
a_p:(50～2.0×10⁴)m/s²
t:(0.2～10)ms
U_rel=3%(k=2)

a_p:(>2.0×10⁴～1.0×10⁵)m/s²
t:(0.05～0.2)ms
U_rel=5%(k=2)

a_p:(>1.0×10⁵～1.0×10⁶)m/s²
t:(0.02～0.05)ms
U_rel=8%(k=2)

a_p:(>1.0×10⁶～2.0×10⁶)m/s²
t:(0.015～0.02)ms
U_rel=15%(k=2)

速度比较法冲击标准
a_p:(50～1.0×10⁵)m/s²
t:(0.05～10)ms
U_rel=5%(k=2)

a_p:(>1.0×10⁵～1.0×10⁶)m/s²
t:(0.02～0.05)ms
U_rel=10%(k=2)

a_p:(>1.0×10⁶～2.0×10⁶)m/s²
t:(0.015～0.02)ms
U_rel=15%(k=2)

冲击力法冲击标准
a_p:(50～2.0×10⁴)m/s²
t:(0.2～10)ms
U_rel=5%(k=2)

a_p:(>2.0×10⁴～1.0×10⁵)m/s²
t:(0.05～0.2)ms
U_rel=10%(k=2)

冲击试验台检定装置
a_p:(50～2.0×10⁴)m/s²
t:(0.2～10)ms
U_rel=5%(k=2)

a_p:(>2.0×10⁴～1.0×10⁵)m/s²
t:(0.05～0.2)ms
U_rel=10%(k=2)

检定 · 检定 · 检定 · 检定 · 检定

工作计量器具

冲击测量仪/冲击加速度传感器
a_p:(50～1.0×10⁵)m/s²
t:(0.05～10)ms
U_rel=5%～10%(k=2)

a_p:(>1.0×10⁵～1.0×10⁶)m/s²
t:(0.02～0.05)ms
U_rel=10%～15%(k=2)

a_p:(>1.0×10⁶～2.0×10⁶)m/s²
t:(0.015～0.02)ms
U_rel=15%～20%(k=2)

冲击/碰撞试验台
a_p:(50～1.0×10⁵)m/s²
t:(0.05～20)ms
MPE:±20%

注:冲击加速度工作计量器具可能会有新的产品或不同的名称,在检定系统表中不可能全部列出。对未列入检定系统表的工作计量器具,必要时可根据其被测量、测量范围和工作原理,参考相应检定系统表中列出的工作计量器具的测量范围和工作原理,确定适合的量值传递途径。

备注:表中a_p—冲击加速度峰值;t—脉冲持续时间;U_rel—冲击加速度峰值测量不确定度;MPE—冲击加速度峰值最大允许误差。

损耗因数计量器具检定系统框图

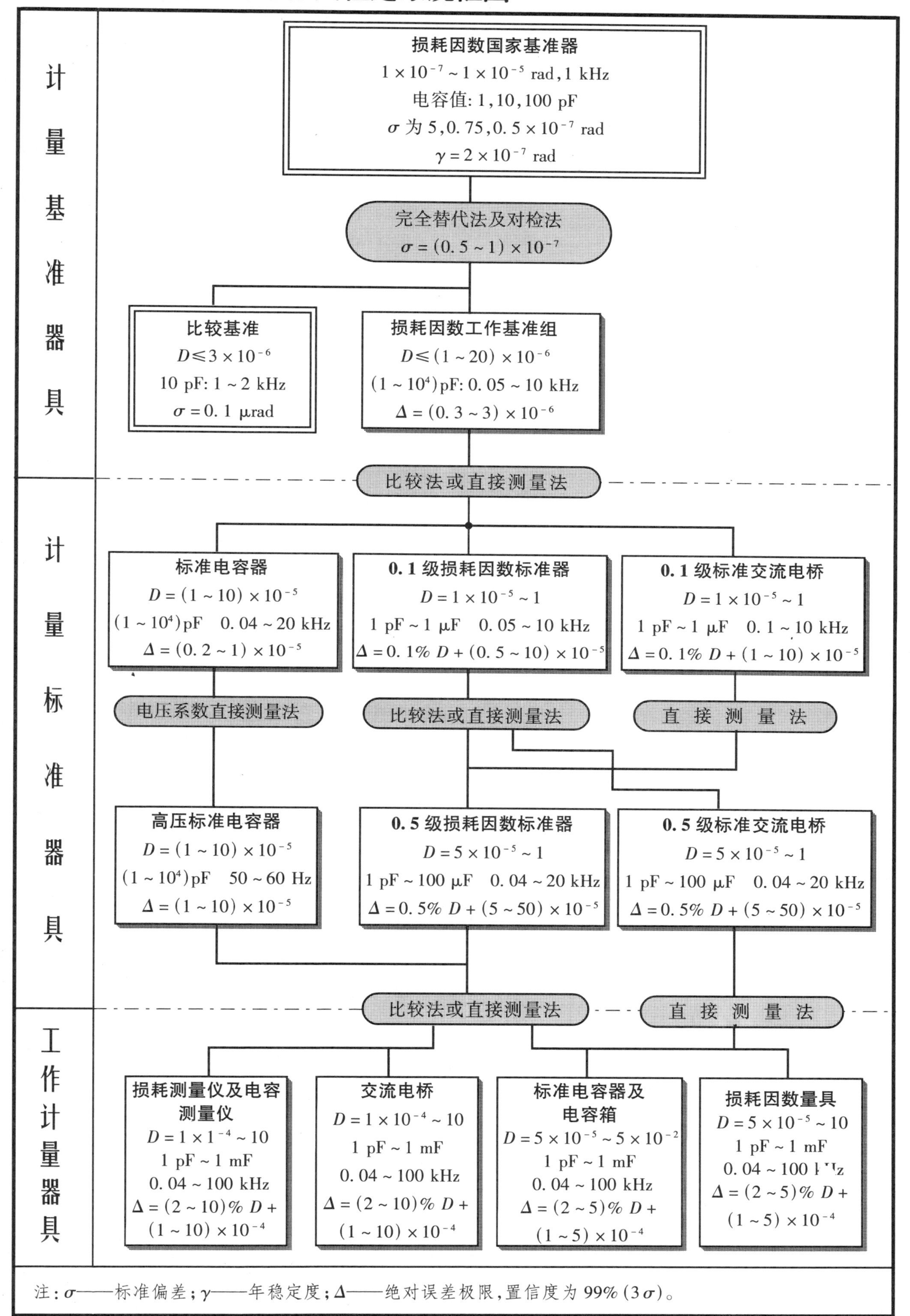

注:σ——标准偏差;γ——年稳定度;Δ——绝对误差极限,置信度为 99% (3σ)。

交流电能计量器具检定系统框图

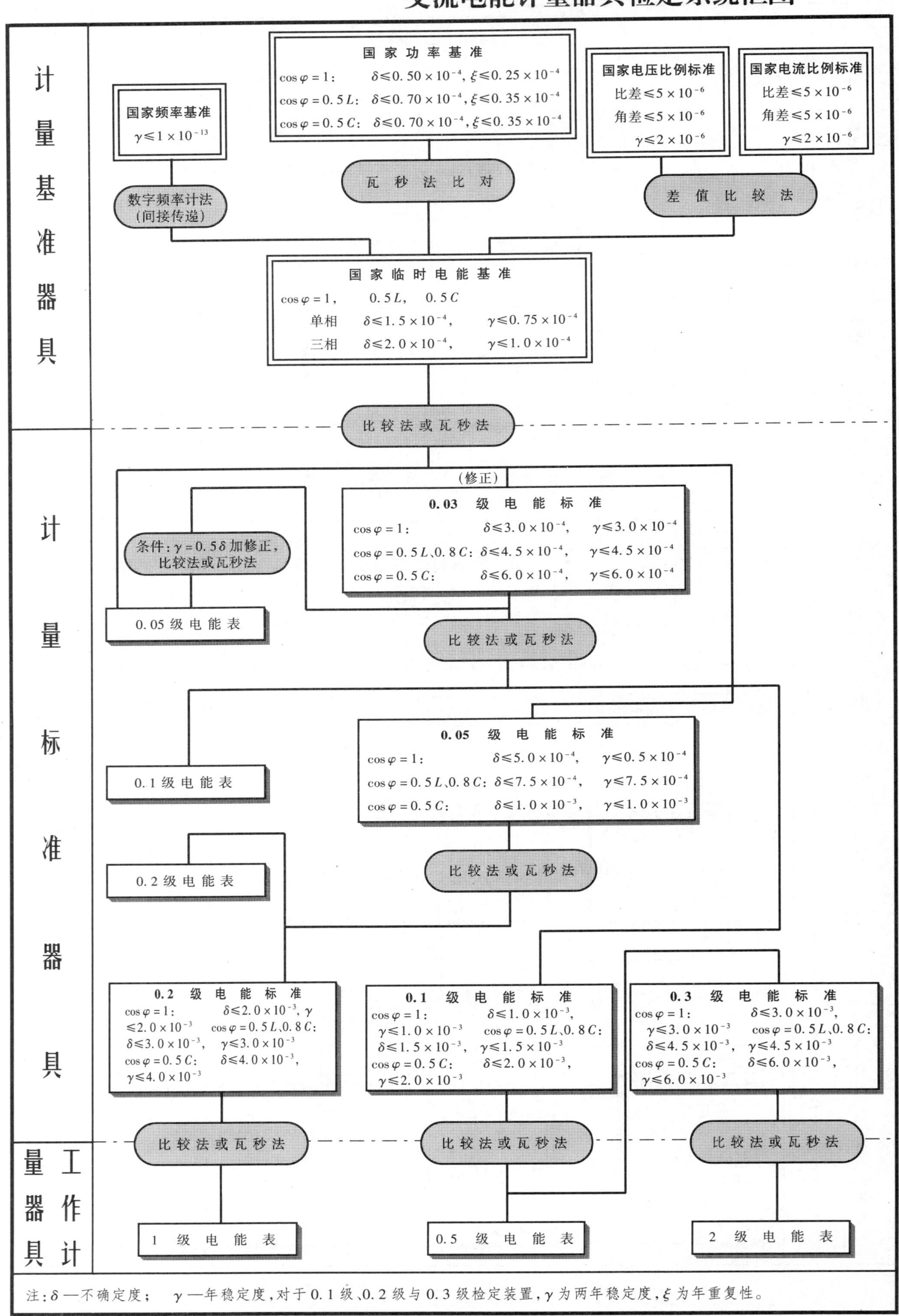

注:δ—不确定度; γ—一年稳定度,对于0.1级、0.2级与0.3级检定装置,γ为两年稳定度,ξ为年重复性。

电容计量器具检定系统框图

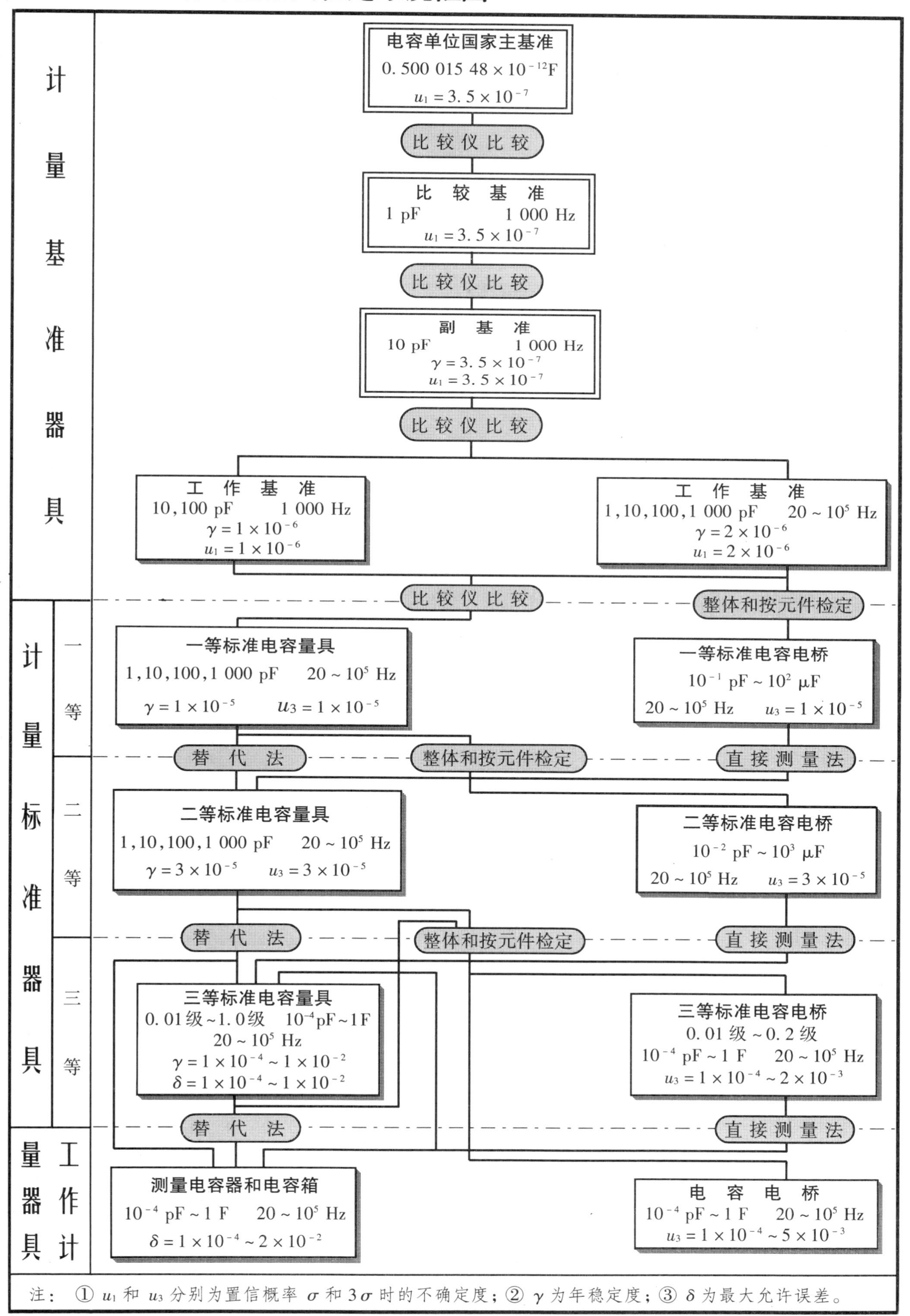

注： ① u_1 和 u_3 分别为置信概率 σ 和 3σ 时的不确定度； ② γ 为年稳定度； ③ δ 为最大允许误差。

电感计量器具检定系统框图

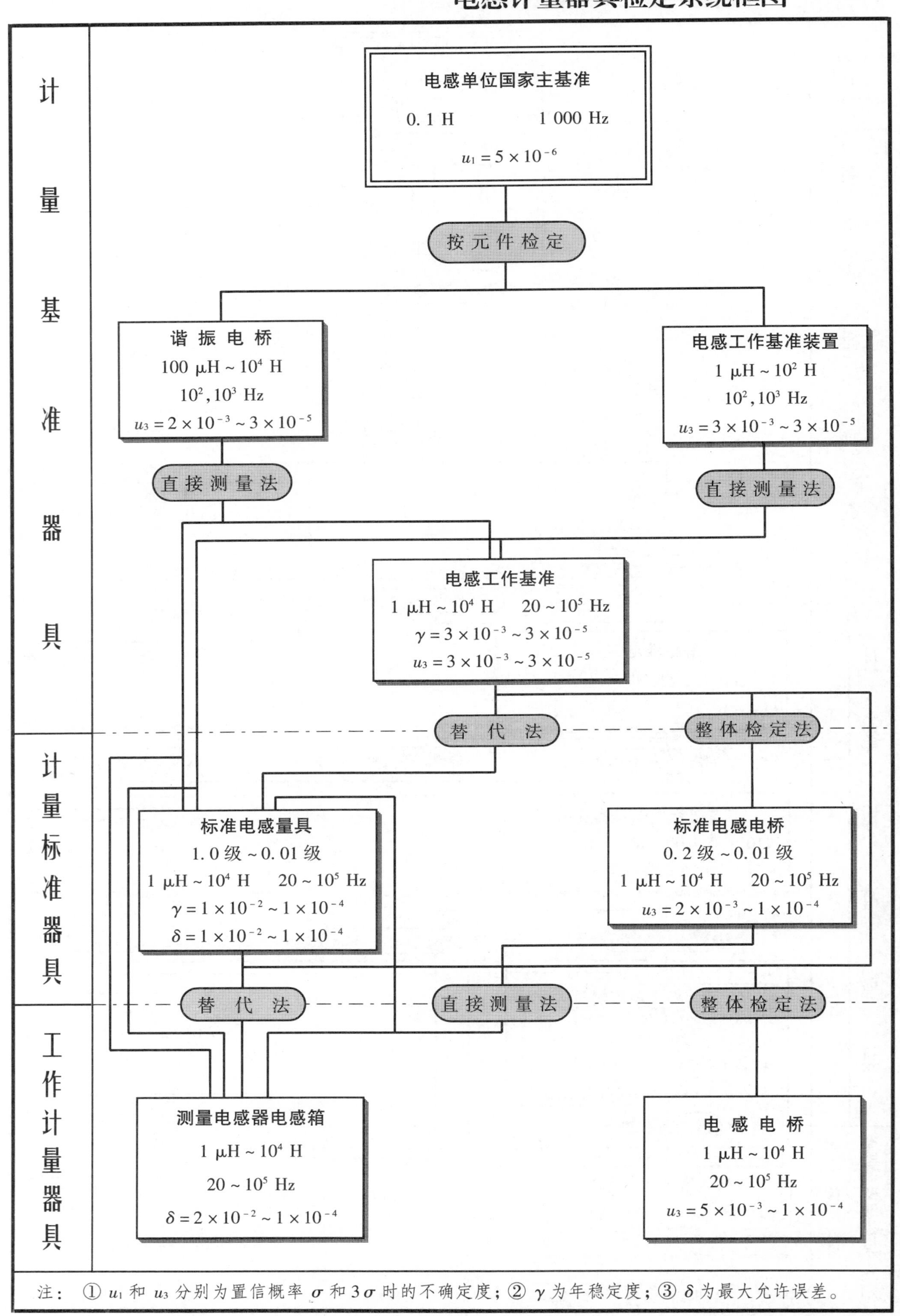

注：① u_1 和 u_3 分别为置信概率 σ 和 3σ 时的不确定度；② γ 为年稳定度；③ δ 为最大允许误差。

摆锤式冲击能计量器具检定系统框图

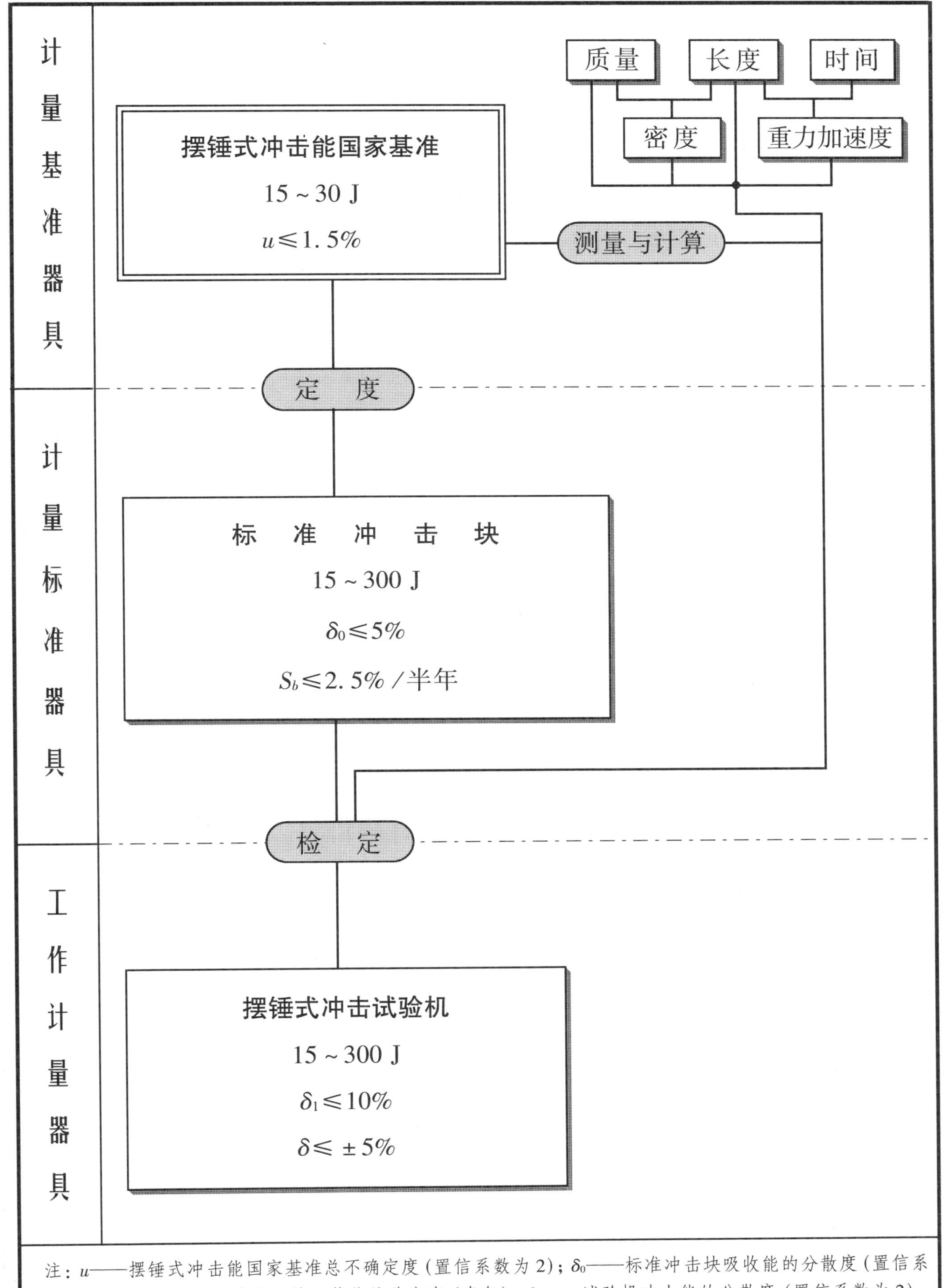

注：u——摆锤式冲击能国家基准总不确定度（置信系数为2）；δ_0——标准冲击块吸收能的分散度（置信系数为2）；S_b——标准冲击块吸收能的稳定度（半年）；δ_1——试验机冲击能的分散度（置信系数为2）；δ——试验机冲击能的示值误差

激光功率计量器具检定系统框图

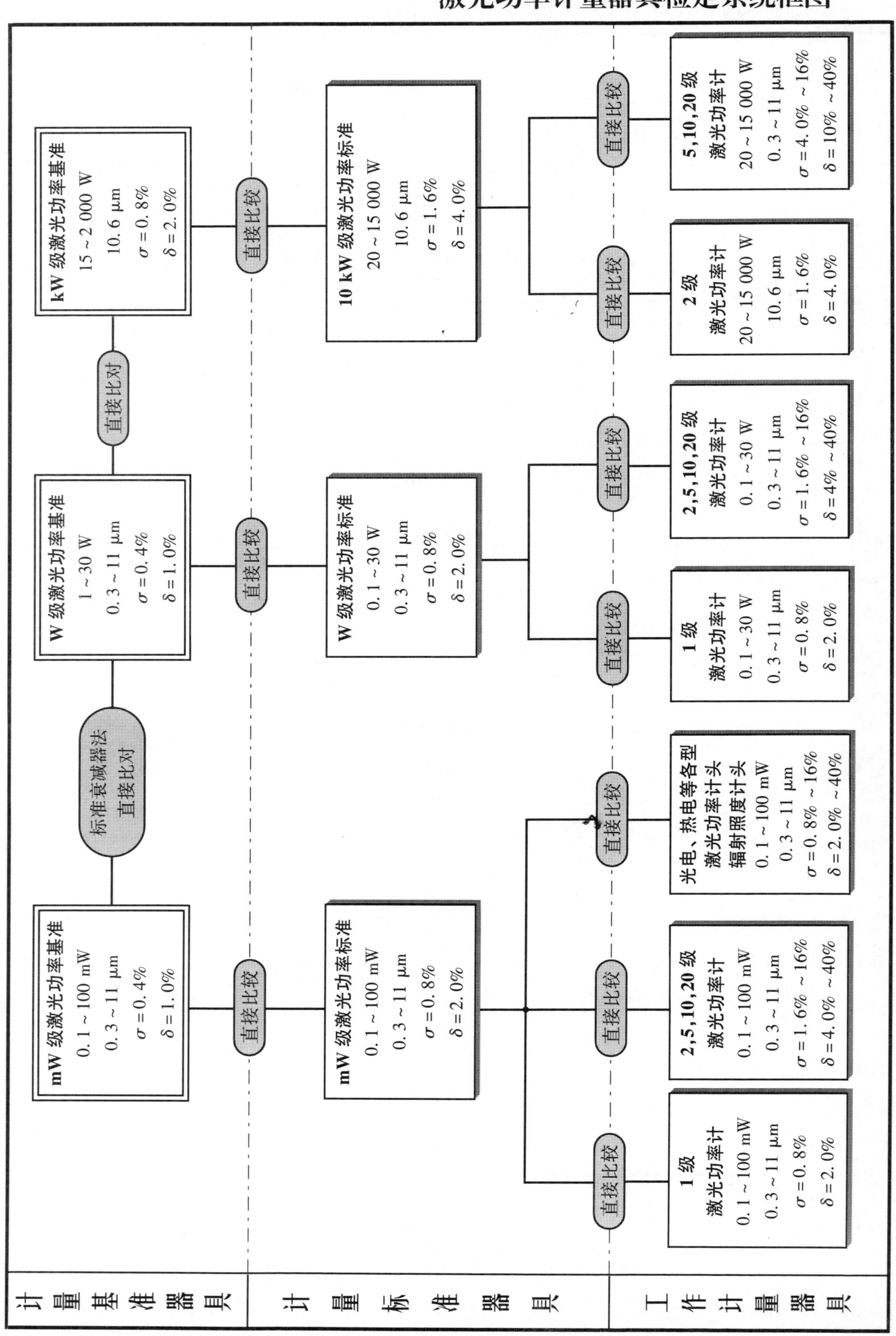

中子源强度计量器具检定系统框图

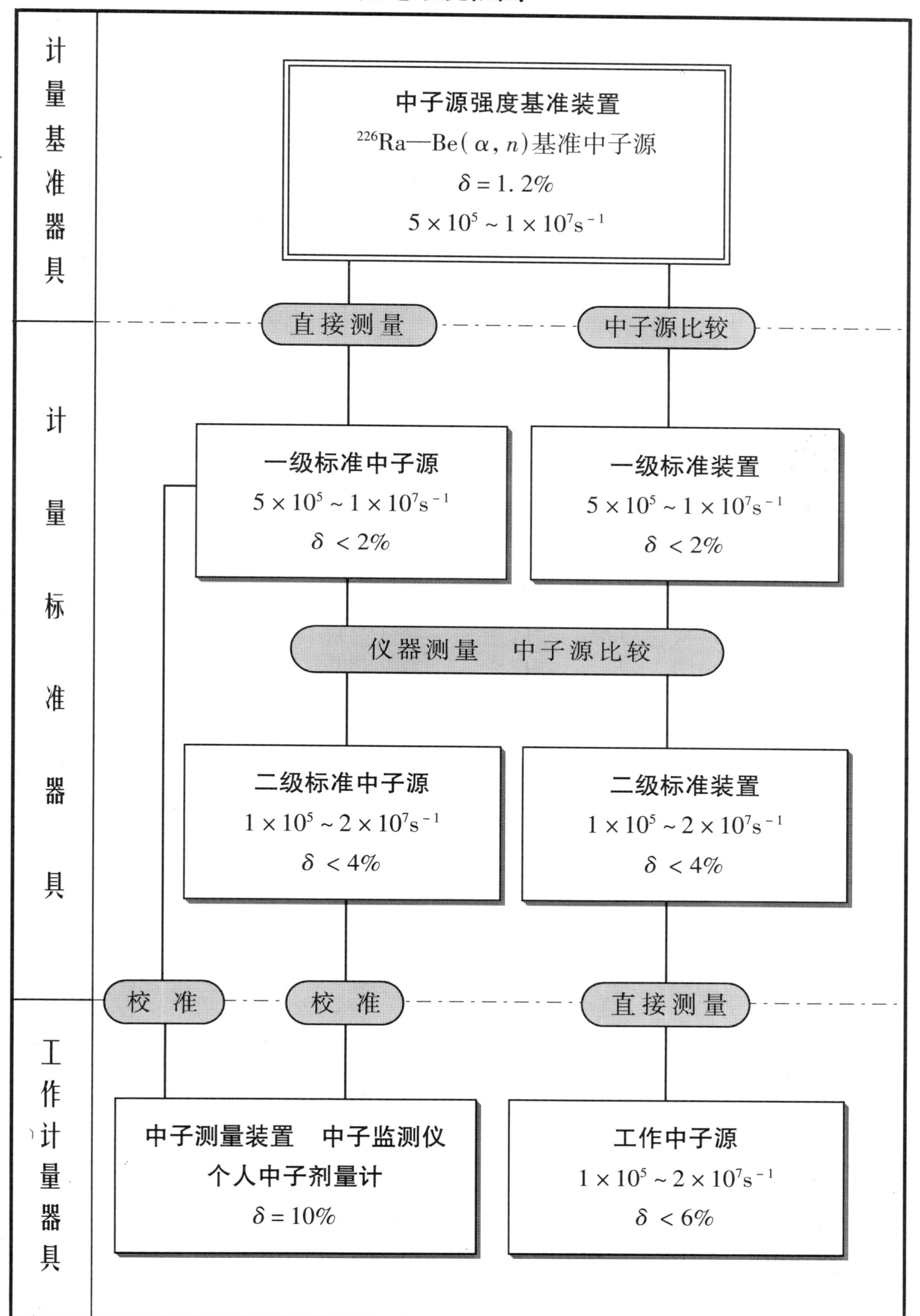

中子吸收剂量计量器具检定系统框图

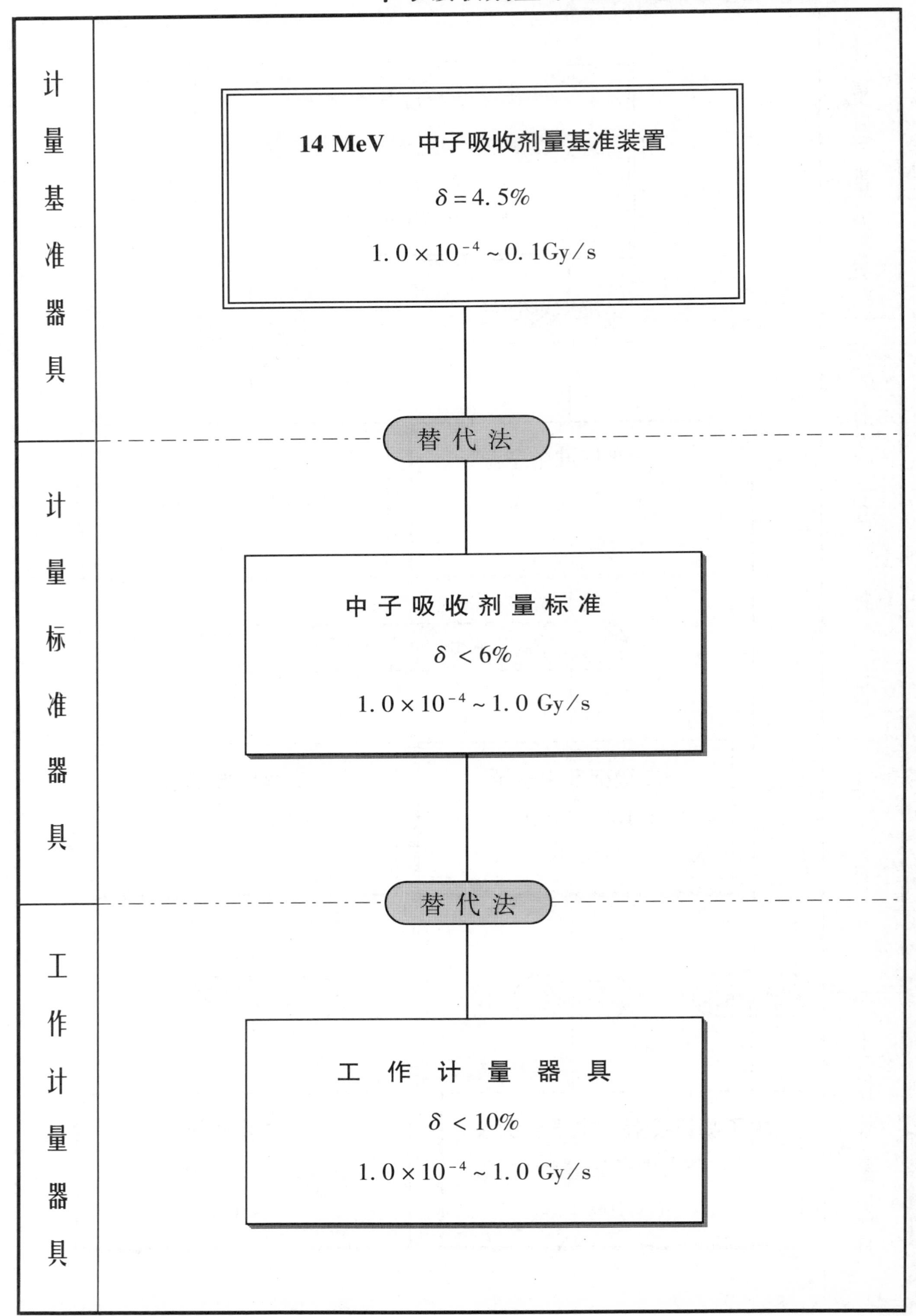

计量基准器具

14 MeV　中子吸收剂量基准装置

$\delta = 4.5\%$

$1.0 \times 10^{-4} \sim 0.1 \mathrm{Gy/s}$

替 代 法

计量标准器具

中 子 吸 收 剂 量 标 准

$\delta < 6\%$

$1.0 \times 10^{-4} \sim 1.0 \ \mathrm{Gy/s}$

替 代 法

工作计量器具

工 作 计 量 器 具

$\delta < 10\%$

$1.0 \times 10^{-4} \sim 1.0 \ \mathrm{Gy/s}$

热中子注量率计量器具检定系统框图

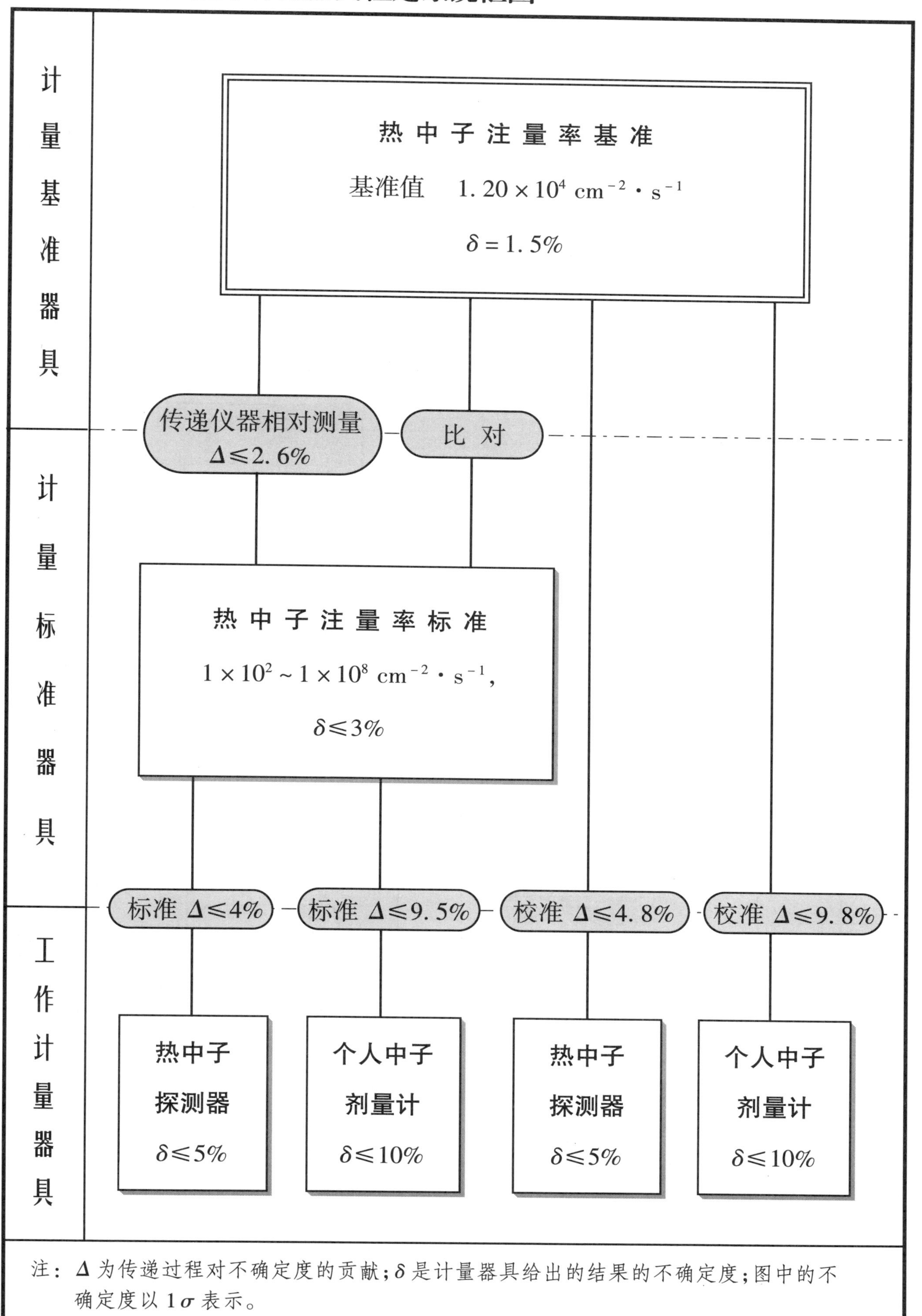

计量基准器具

热中子注量率基准

基准值　$1.20 \times 10^4 \ \text{cm}^{-2} \cdot \text{s}^{-1}$

$\delta = 1.5\%$

计量标准器具

传递仪器相对测量
$\Delta \leqslant 2.6\%$

比　对

热中子注量率标准

$1 \times 10^2 \sim 1 \times 10^8 \ \text{cm}^{-2} \cdot \text{s}^{-1}$,

$\delta \leqslant 3\%$

工作计量器具

标准 $\Delta \leqslant 4\%$　　标准 $\Delta \leqslant 9.5\%$　　校准 $\Delta \leqslant 4.8\%$　　校准 $\Delta \leqslant 9.8\%$

热中子探测器	个人中子剂量计	热中子探测器	个人中子剂量计
$\delta \leqslant 5\%$	$\delta \leqslant 10\%$	$\delta \leqslant 5\%$	$\delta \leqslant 10\%$

注：Δ 为传递过程对不确定度的贡献；δ 是计量器具给出的结果的不确定度；图中的不确定度以 1σ 表示。

工频电流比例计量器具检定系统框图

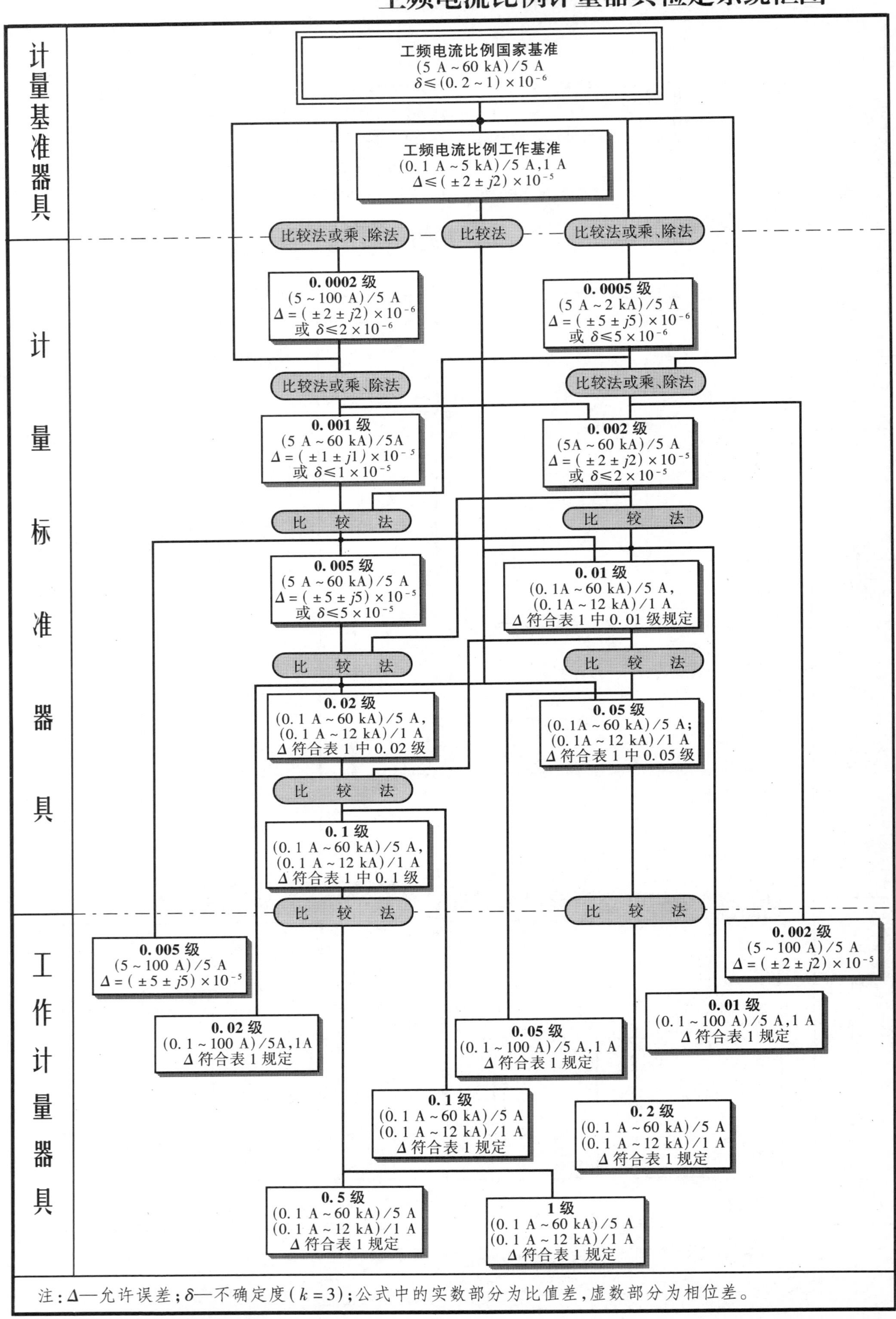

计量基准器具

计量标准器具

工作计量器具

工频电流比例国家基准
(5 A～60 kA)/5 A
$\delta \leqslant (0.2～1) \times 10^{-6}$

工频电流比例工作基准
(0.1 A～5 kA)/5 A,1 A
$\Delta \leqslant (\pm 2 \pm j2) \times 10^{-5}$

比较法或乘、除法 — 比较法 — 比较法或乘、除法

0.0002 级
(5～100 A)/5 A
$\Delta = (\pm 2 \pm j2) \times 10^{-6}$
或 $\delta \leqslant 2 \times 10^{-6}$

0.0005 级
(5 A～2 kA)/5 A
$\Delta = (\pm 5 \pm j5) \times 10^{-6}$
或 $\delta \leqslant 5 \times 10^{-6}$

比较法或乘、除法   比较法或乘、除法

0.001 级
(5 A～60 kA)/5A
$\Delta = (\pm 1 \pm j1) \times 10^{-5}$
或 $\delta \leqslant 1 \times 10^{-5}$

0.002 级
(5A～60 kA)/5 A
$\Delta = (\pm 2 \pm j2) \times 10^{-5}$
或 $\delta \leqslant 2 \times 10^{-5}$

比 较 法   比 较 法

0.005 级
(5 A～60 kA)/5 A
$\Delta = (\pm 5 \pm j5) \times 10^{-5}$
或 $\delta \leqslant 5 \times 10^{-5}$

0.01 级
(0.1A～60 kA)/5 A,
(0.1A～12 kA)/1 A
Δ 符合表 1 中 0.01 级规定

比 较 法   比 较 法

0.02 级
(0.1 A～60 kA)/5 A,
(0.1 A～12 kA)/1 A
Δ 符合表 1 中 0.02 级

0.05 级
(0.1A～60 kA)/5 A;
(0.1 A～12 kA)/1 A
Δ 符合表 1 中 0.05 级

比 较 法

0.1 级
(0.1 A～60 kA)/5 A,
(0.1 A～12 kA)/1 A
Δ 符合表 1 中 0.1 级

比 较 法   比 较 法

0.005 级
(5～100 A)/5 A
$\Delta = (\pm 5 \pm j5) \times 10^{-5}$

0.002 级
(5～100 A)/5 A
$\Delta = (\pm 2 \pm j2) \times 10^{-5}$

0.02 级
(0.1～100 A)/5A,1A
Δ 符合表 1 规定

0.05 级
(0.1～100 A)/5 A,1 A
Δ 符合表 1 规定

0.01 级
(0.1～100 A)/5 A,1 A
Δ 符合表 1 规定

0.1 级
(0.1～60 kA)/5 A
(0.1～12 kA)/1 A
Δ 符合表 1 规定

0.2 级
(0.1 A～60 kA)/5 A
(0.1 A～12 kA)/1 A
Δ 符合表 1 规定

0.5 级
(0.1 A～60 kA)/5 A
(0.1 A～12 kA)/1 A
Δ 符合表 1 规定

1 级
(0.1 A～60 kA)/5 A
(0.1 A～12 kA)/1 A
Δ 符合表 1 规定

注：Δ—允许误差；δ—不确定度($k=3$)；公式中的实数部分为比值差,虚数部分为相位差。

工频电流比例计量器具检定系统框图

表1   电流互感器允许误差表

准确度 级别	比 值 差(±%)					相 位 差(±分)				
	额定电流的百分值					额定电流的百分值				
	5	10	20	100	120	5	10	20	100	120
0.01	0.02	0.01	0.01	0.01	0.01	0.6	0.3	0.3	0.3	0.3
0.02	0.04	0.02	0.02	0.02	0.02	1.2	0.6	0.6	0.6	0.6
0.05	0.1	0.05	0.05	0.05	0.05	4	2	2	2	2
0.1	0.4	0.25	0.2	0.1	0.1	15	10	8	5	5
0.2	0.75	0.5	0.35	0.2	0.2	30	20	15	10	10
0.5	1.5	1	0.75	0.5	0.5	90	60	45	30	30
1	3	2	1.5	1	1	180	120	90	60	60

注：1 在额定频率、额定功率因数及二次负荷为额定负荷的100%～25%（额定二次电流为5A的电流互感器，其下限负荷不得低于2.5VA）之间的任一数值时，实测误差都不应超过表1所列允许误差值连线所形成的折线范围。

2 若表1中误差数值进行修订，修订后的误差数值从国家技术监督局批准执行之日起，按新修订的《电流互感器允许误差表》执行。

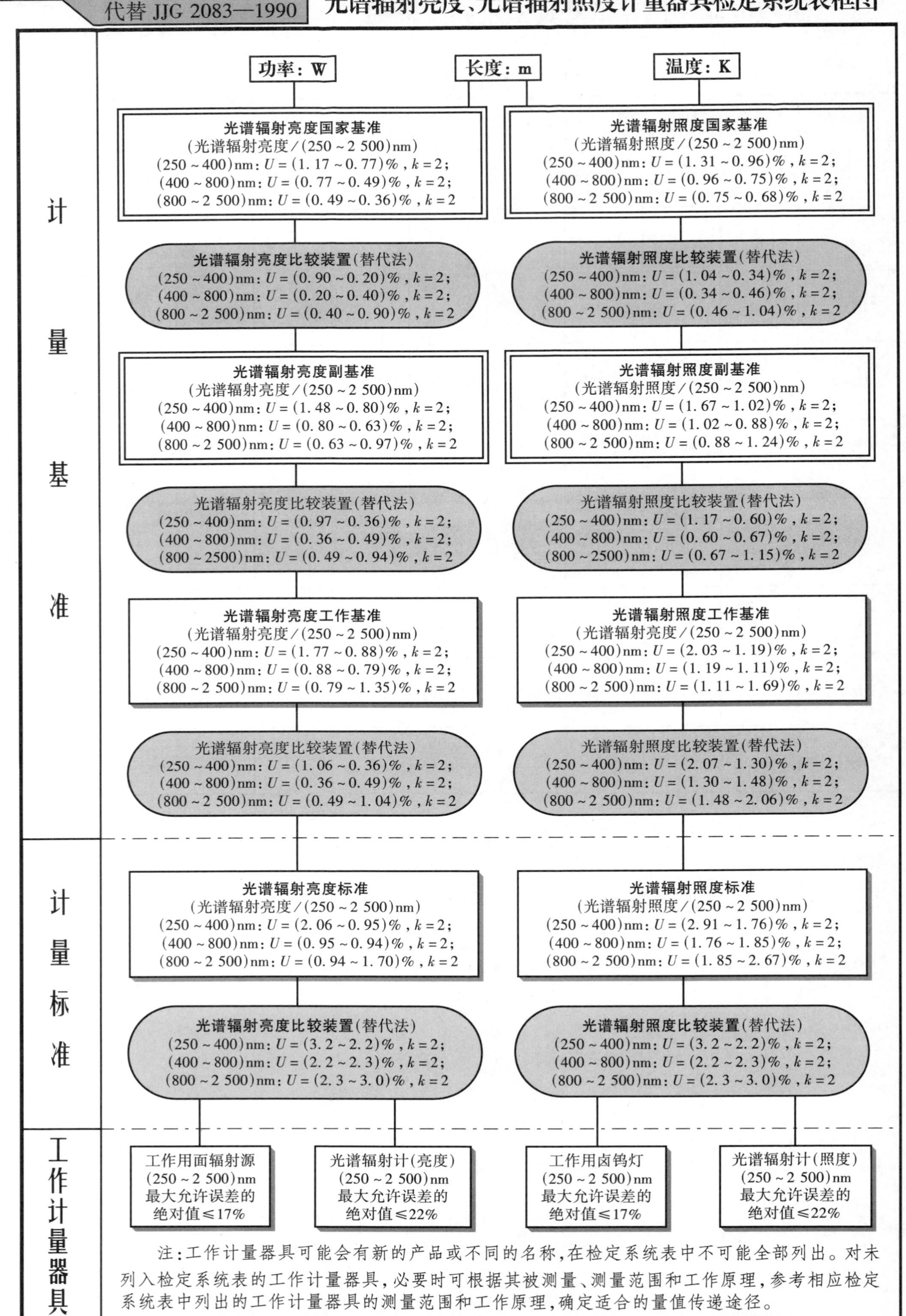

交流电流计量器具检定系统框图

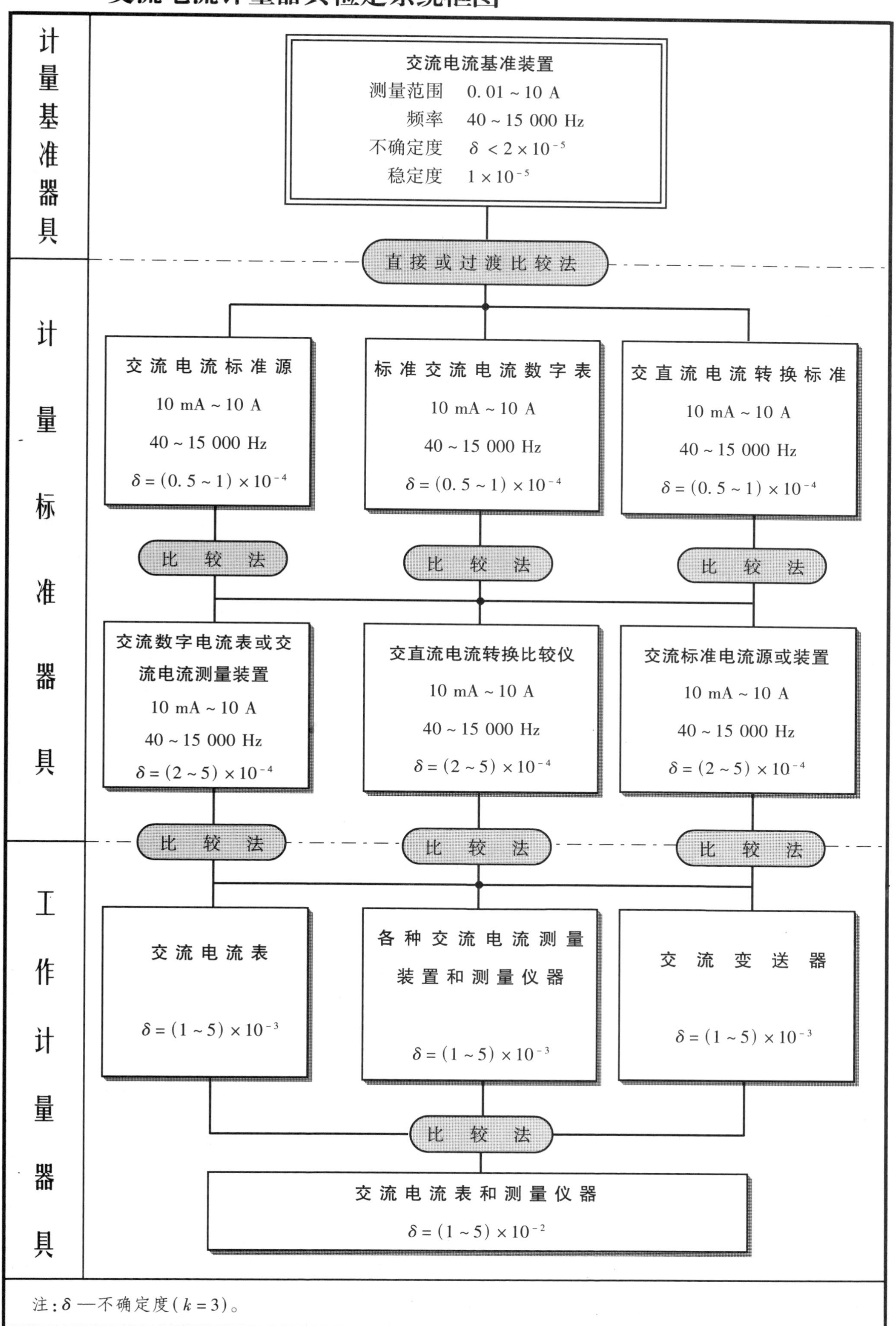

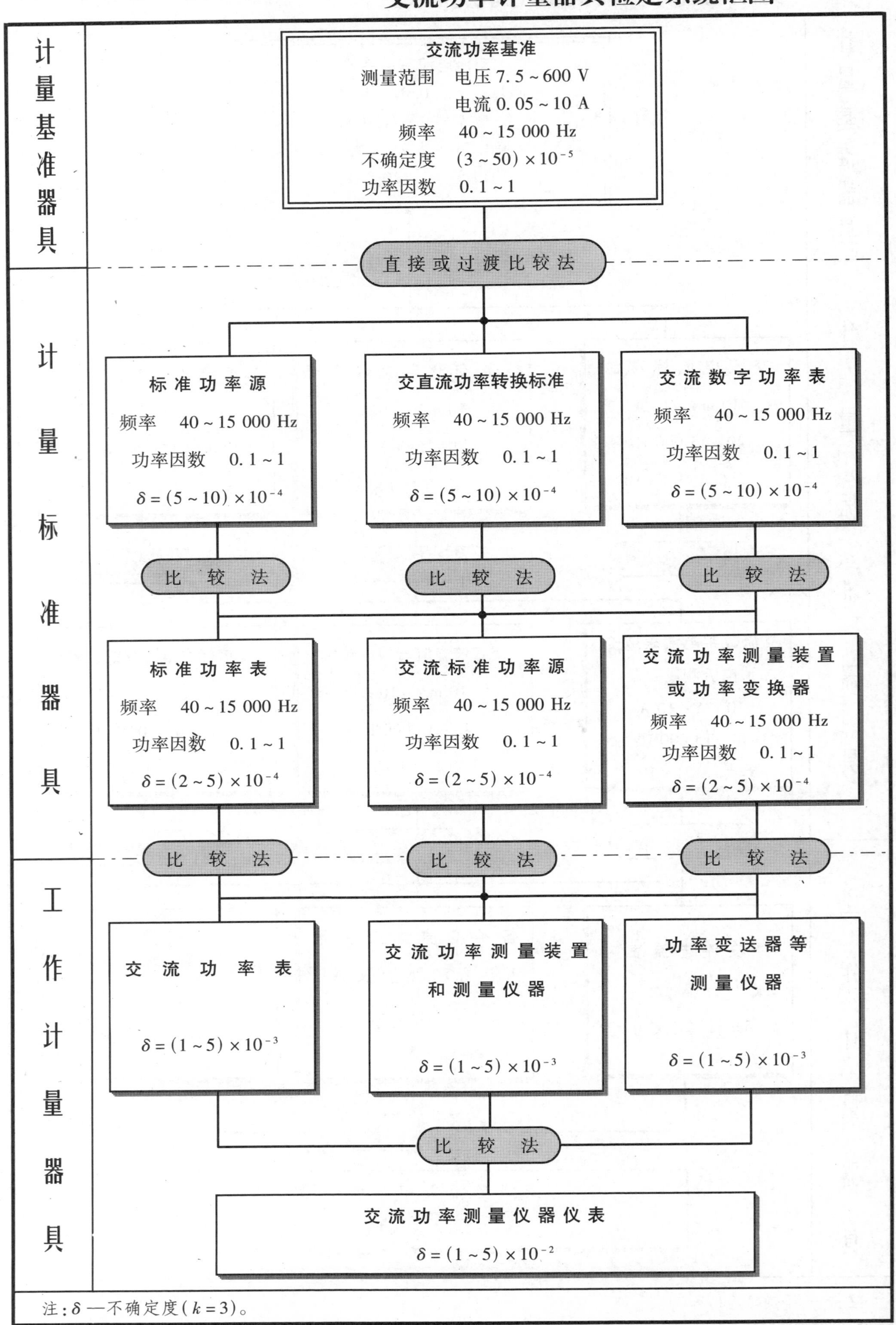

交流功率计量器具检定系统框图

JJG 2085—1990

计量基准器具	**交流功率基准**
	测量范围　电压 7.5 ~ 600 V
	电流 0.05 ~ 10 A
	频率　40 ~ 15 000 Hz
	不确定度　(3 ~ 50) × 10⁻⁵
	功率因数　0.1 ~ 1

直接或过渡比较法

计量标准器具

标准功率源	交直流功率转换标准	交流数字功率表
频率　40 ~ 15 000 Hz	频率　40 ~ 15 000 Hz	频率　40 ~ 15 000 Hz
功率因数　0.1 ~ 1	功率因数　0.1 ~ 1	功率因数　0.1 ~ 1
$\delta = (5 \sim 10) \times 10^{-4}$	$\delta = (5 \sim 10) \times 10^{-4}$	$\delta = (5 \sim 10) \times 10^{-4}$

比　较　法　　**比　较　法**　　**比　较　法**

标准功率表	交流标准功率源	交流功率测量装置或功率变换器
频率　40 ~ 15 000 Hz	频率　40 ~ 15 000 Hz	频率　40 ~ 15 000 Hz
功率因数　0.1 ~ 1	功率因数　0.1 ~ 1	功率因数　0.1 ~ 1
$\delta = (2 \sim 5) \times 10^{-4}$	$\delta = (2 \sim 5) \times 10^{-4}$	$\delta = (2 \sim 5) \times 10^{-4}$

比　较　法　　**比　较　法**　　**比　较　法**

工作计量器具

交流功率表	交流功率测量装置和测量仪器	功率变送器等测量仪器
$\delta = (1 \sim 5) \times 10^{-3}$	$\delta = (1 \sim 5) \times 10^{-3}$	$\delta = (1 \sim 5) \times 10^{-3}$

比　较　法

交流功率测量仪器仪表
$\delta = (1 \sim 5) \times 10^{-2}$

注：δ — 不确定度（$k = 3$）。

交流电压计量器具检定系统框图

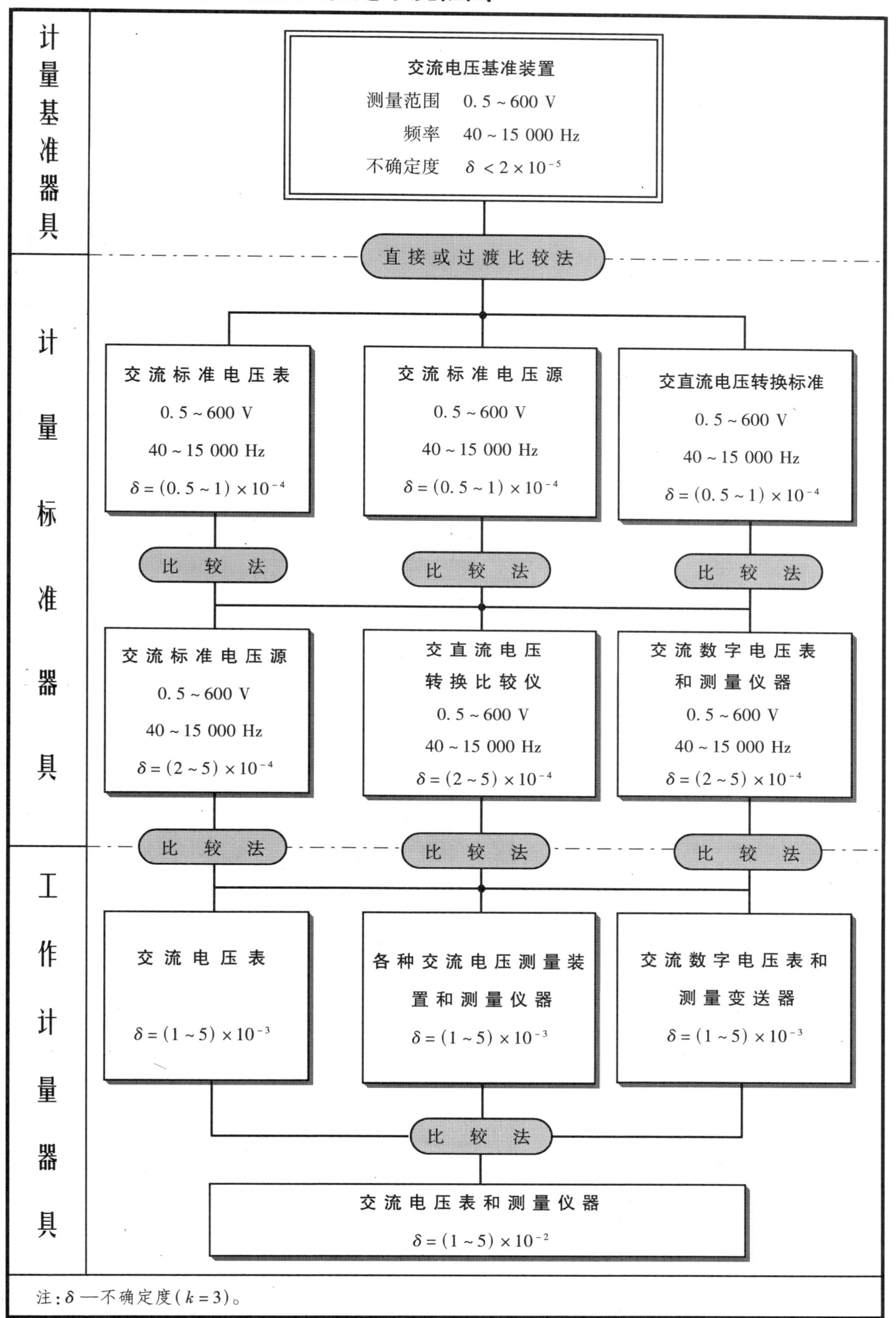

注：δ—不确定度（k = 3）。

直流电动势计量器具检定系统框图

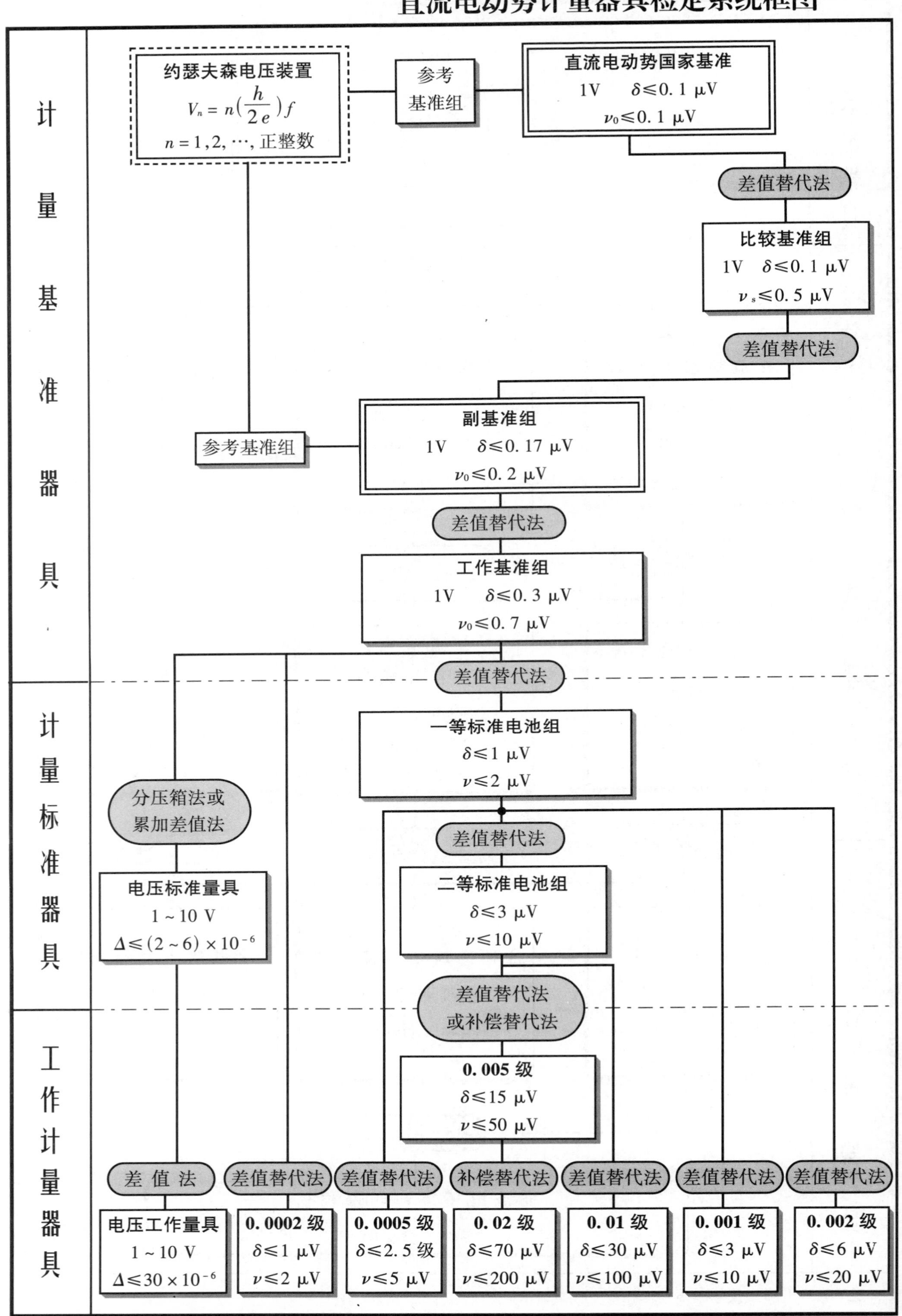

约瑟夫森电压装置

$$V_n = n\left(\frac{h}{2e}\right)f$$

$n = 1, 2, \cdots,$ 正整数

参考基准组

直流电动势国家基准

1V　　$\delta \leqslant 0.1\ \mu V$

$\nu_0 \leqslant 0.1\ \mu V$

差值替代法

比较基准组

1V　　$\delta \leqslant 0.1\ \mu V$

$\nu_s \leqslant 0.5\ \mu V$

差值替代法

参考基准组

副基准组

1V　　$\delta \leqslant 0.17\ \mu V$

$\nu_0 \leqslant 0.2\ \mu V$

差值替代法

工作基准组

1V　　$\delta \leqslant 0.3\ \mu V$

$\nu_0 \leqslant 0.7\ \mu V$

差值替代法

一等标准电池组

$\delta \leqslant 1\ \mu V$

$\nu \leqslant 2\ \mu V$

分压箱法或
累加差值法

差值替代法

电压标准量具

$1 \sim 10\ V$

$\Delta \leqslant (2 \sim 6) \times 10^{-6}$

二等标准电池组

$\delta \leqslant 3\ \mu V$

$\nu \leqslant 10\ \mu V$

差值替代法
或补偿替代法

0.005 级

$\delta \leqslant 15\ \mu V$

$\nu \leqslant 50\ \mu V$

差 值 法

差值替代法

差值替代法

补偿替代法

差值替代法

差值替代法

差值替代法

电压工作量具

$1 \sim 10\ V$

$\Delta \leqslant 30 \times 10^{-6}$

0.0002 级

$\delta \leqslant 1\ \mu V$

$\nu \leqslant 2\ \mu V$

0.0005 级

$\delta \leqslant 2.5$ 级

$\nu \leqslant 5\ \mu V$

0.02 级

$\delta \leqslant 70\ \mu V$

$\nu \leqslant 200\ \mu V$

0.01 级

$\delta \leqslant 30\ \mu V$

$\nu \leqslant 100\ \mu V$

0.001 级

$\delta \leqslant 3\ \mu V$

$\nu \leqslant 10\ \mu V$

0.002 级

$\delta \leqslant 6\ \mu V$

$\nu \leqslant 20\ \mu V$

计
量
基
准
器
具

计
量
标
准
器
具

工
作
计
量
器
具

脉冲激光能量计量器具检定系统框图

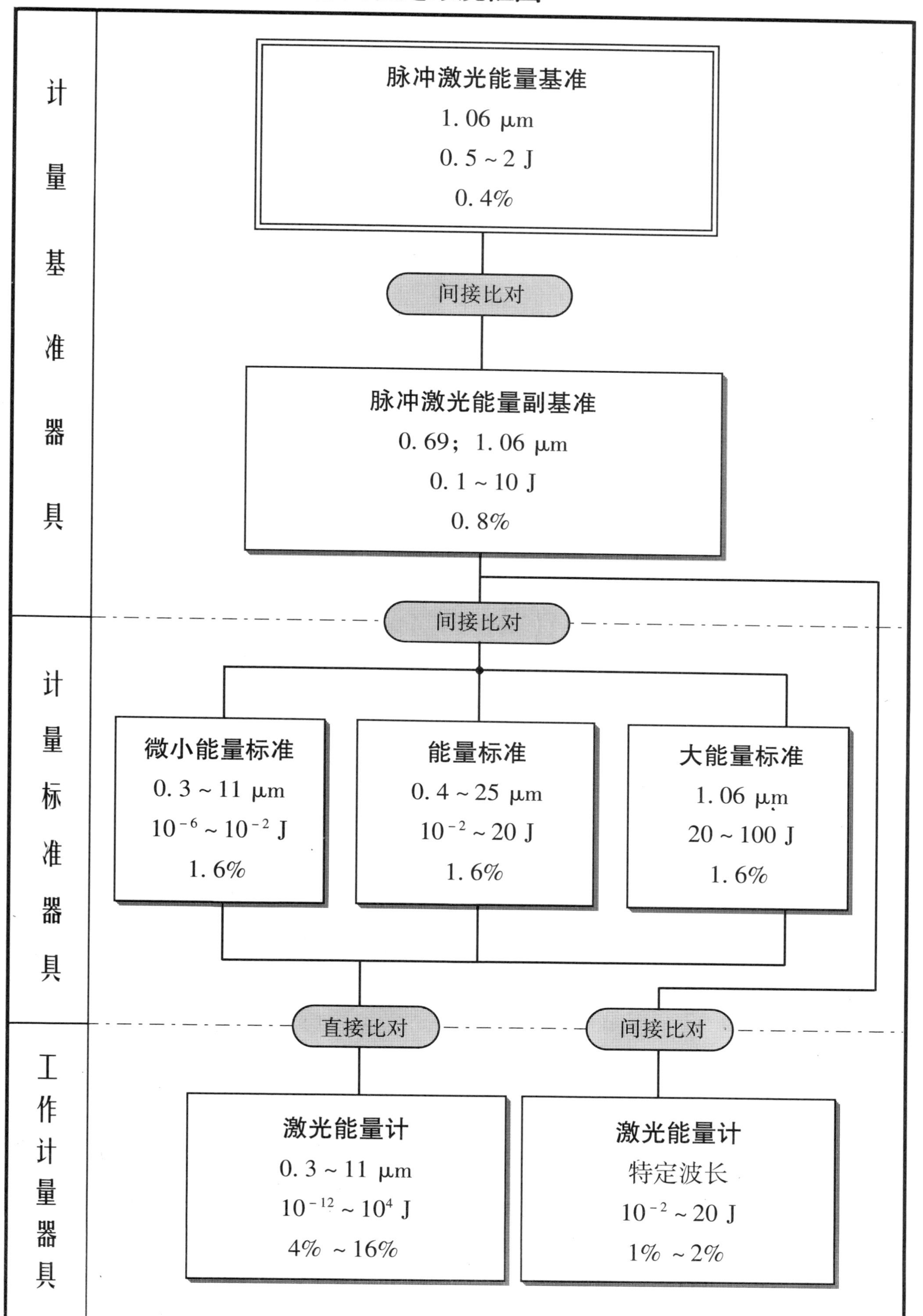

计量基准器具

脉冲激光能量基准
1.06 μm
0.5 ~ 2 J
0.4%

间接比对

脉冲激光能量副基准
0.69；1.06 μm
0.1 ~ 10 J
0.8%

间接比对

计量标准器具

微小能量标准
0.3 ~ 11 μm
$10^{-6} \sim 10^{-2}$ J
1.6%

能量标准
0.4 ~ 25 μm
$10^{-2} \sim 20$ J
1.6%

大能量标准
1.06 μm
20 ~ 100 J
1.6%

直接比对

间接比对

工作计量器具

激光能量计
0.3 ~ 11 μm
$10^{-12} \sim 10^{4}$ J
4% ~ 16%

激光能量计
特定波长
$10^{-2} \sim 20$ J
1% ~ 2%

^{60}Co γ 射线辐射加工级水吸收剂量检定系统框图

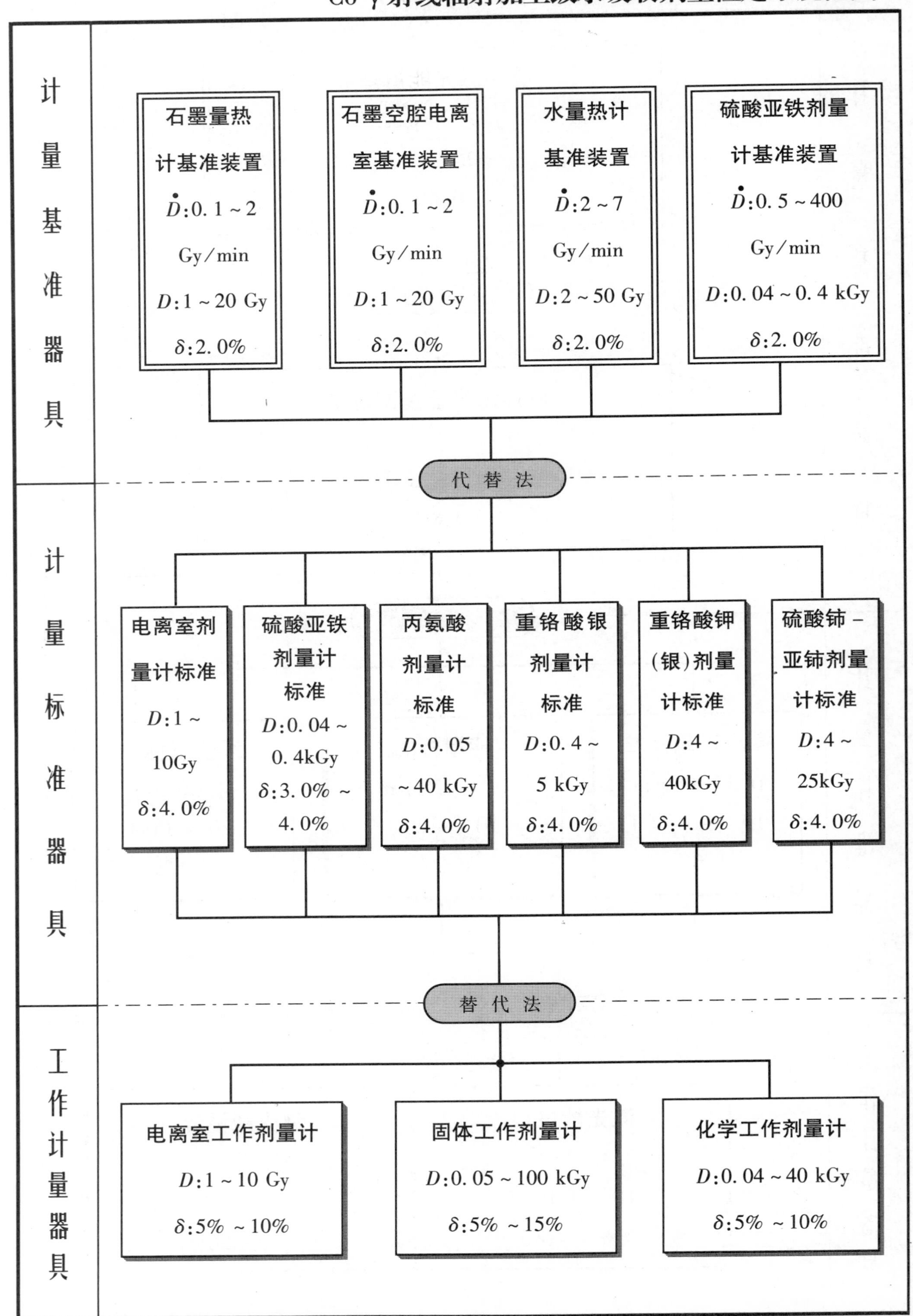

计量基准器具

石墨量热计基准装置	石墨空腔电离室基准装置	水量热计基准装置	硫酸亚铁剂量计基准装置
$\dot{D}$:0.1~2 Gy/min	$\dot{D}$:0.1~2 Gy/min	$\dot{D}$:2~7 Gy/min	$\dot{D}$:0.5~400 Gy/min
D:1~20 Gy	D:1~20 Gy	D:2~50 Gy	D:0.04~0.4 kGy
δ:2.0%	δ:2.0%	δ:2.0%	δ:2.0%

代替法

计量标准器具

电离室剂量计标准	硫酸亚铁剂量计标准	丙氨酸剂量计标准	重铬酸银剂量计标准	重铬酸钾（银）剂量计标准	硫酸铈-亚铈剂量计标准
D:1~10Gy	D:0.04~0.4kGy	D:0.05~40 kGy	D:0.4~5 kGy	D:4~40kGy	D:4~25kGy
δ:4.0%	δ:3.0%~4.0%	δ:4.0%	δ:4.0%	δ:4.0%	δ:4.0%

替代法

工作计量器具

电离室工作剂量计	固体工作剂量计	化学工作剂量计
D:1~10 Gy	D:0.05~100 kGy	D:0.04~40 kGy
δ:5%~10%	δ:5%~15%	δ:5%~10%

顶焦度计量器具检定系统框图

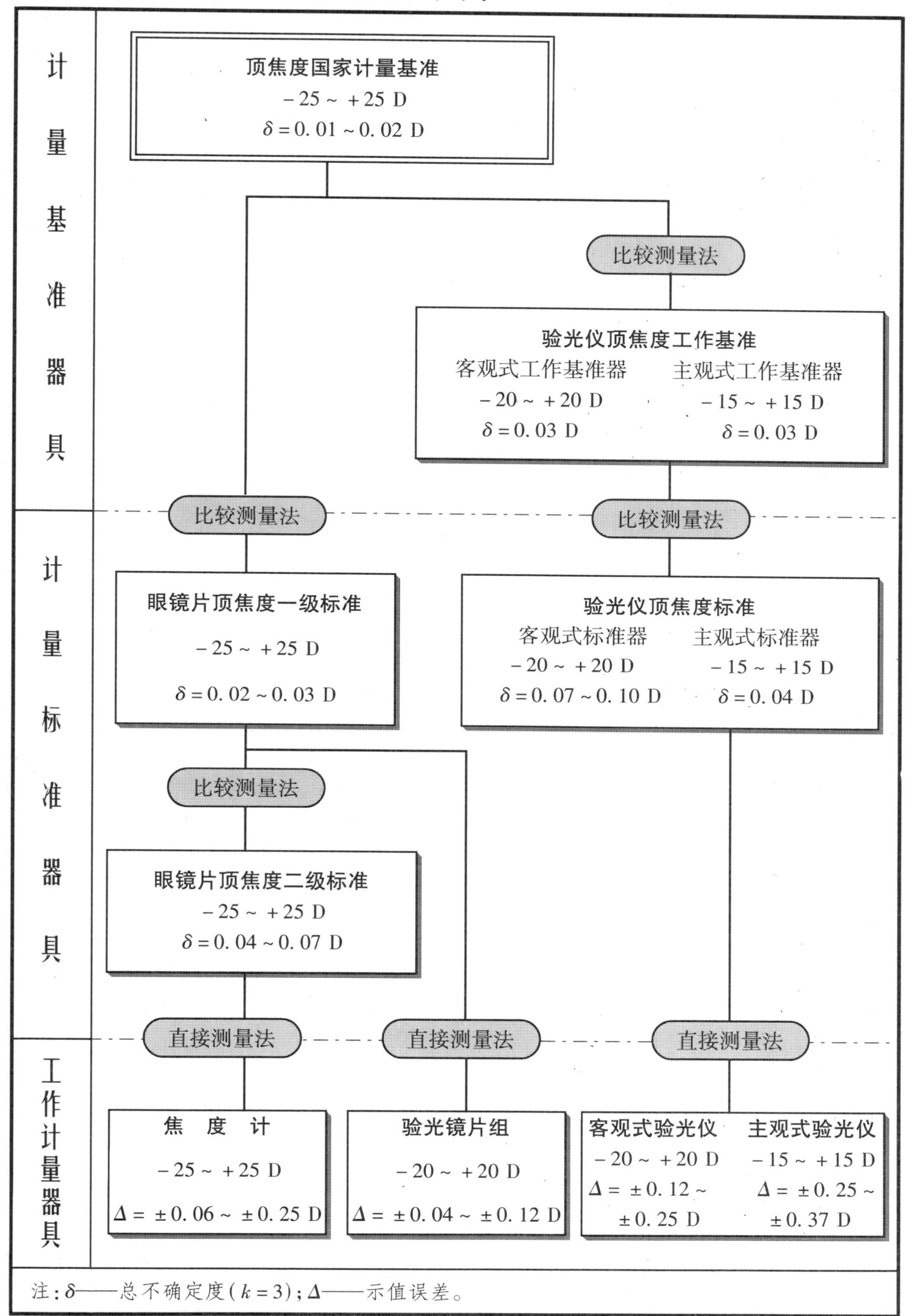

注：δ——总不确定度（$k=3$）；Δ——示值误差。

计量基准器具

计量标准器具

工作计量器具

顶焦度国家计量基准
$-25 \sim +25$ D
$\delta = 0.01 \sim 0.02$ D

比较测量法

验光仪顶焦度工作基准
客观式工作基准器　　主观式工作基准器
$-20 \sim +20$ D　　$-15 \sim +15$ D
$\delta = 0.03$ D　　　$\delta = 0.03$ D

比较测量法　　　　　比较测量法

眼镜片顶焦度一级标准
$-25 \sim +25$ D
$\delta = 0.02 \sim 0.03$ D

验光仪顶焦度标准
客观式标准器　　主观式标准器
$-20 \sim +20$ D　　$-15 \sim +15$ D
$\delta = 0.07 \sim 0.10$ D　　$\delta = 0.04$ D

比较测量法

眼镜片顶焦度二级标准
$-25 \sim +25$ D
$\delta = 0.04 \sim 0.07$ D

直接测量法　　　直接测量法　　　直接测量法

焦　度　计
$-25 \sim +25$ D
$\Delta = \pm 0.06 \sim \pm 0.25$ D

验光镜片组
$-20 \sim +20$ D
$\Delta = \pm 0.04 \sim \pm 0.12$ D

客观式验光仪　　主观式验光仪
$-20 \sim +20$ D　　$-15 \sim +15$ D
$\Delta = \pm 0.12 \sim$　　$\Delta = \pm 0.25 \sim$
± 0.25 D　　　　± 0.37 D

塑料球压痕硬度计量器具检定系统框图

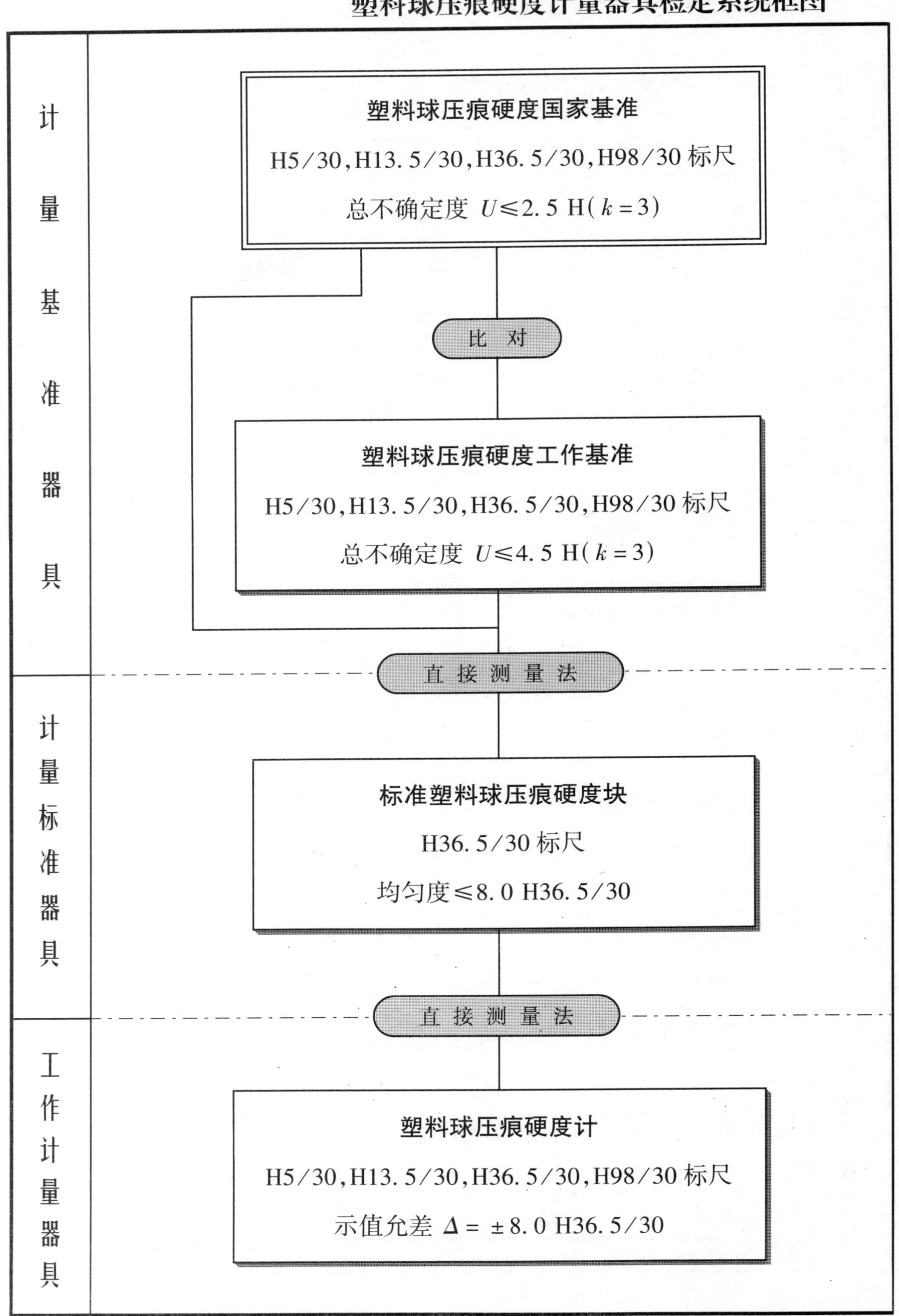

计量基准器具	塑料球压痕硬度国家基准 H5/30,H13.5/30,H36.5/30,H98/30 标尺 总不确定度 $U \leqslant 2.5$ H($k=3$)
	比 对
	塑料球压痕硬度工作基准 H5/30,H13.5/30,H36.5/30,H98/30 标尺 总不确定度 $U \leqslant 4.5$ H($k=3$)
	直 接 测 量 法
计量标准器具	标准塑料球压痕硬度块 H36.5/30 标尺 均匀度 $\leqslant 8.0$ H36.5/30
	直 接 测 量 法
工作计量器具	塑料球压痕硬度计 H5/30,H13.5/30,H36.5/30,H98/30 标尺 示值允差 $\Delta = \pm 8.0$ H36.5/30

塑料洛氏硬度计量器具检定系统框图

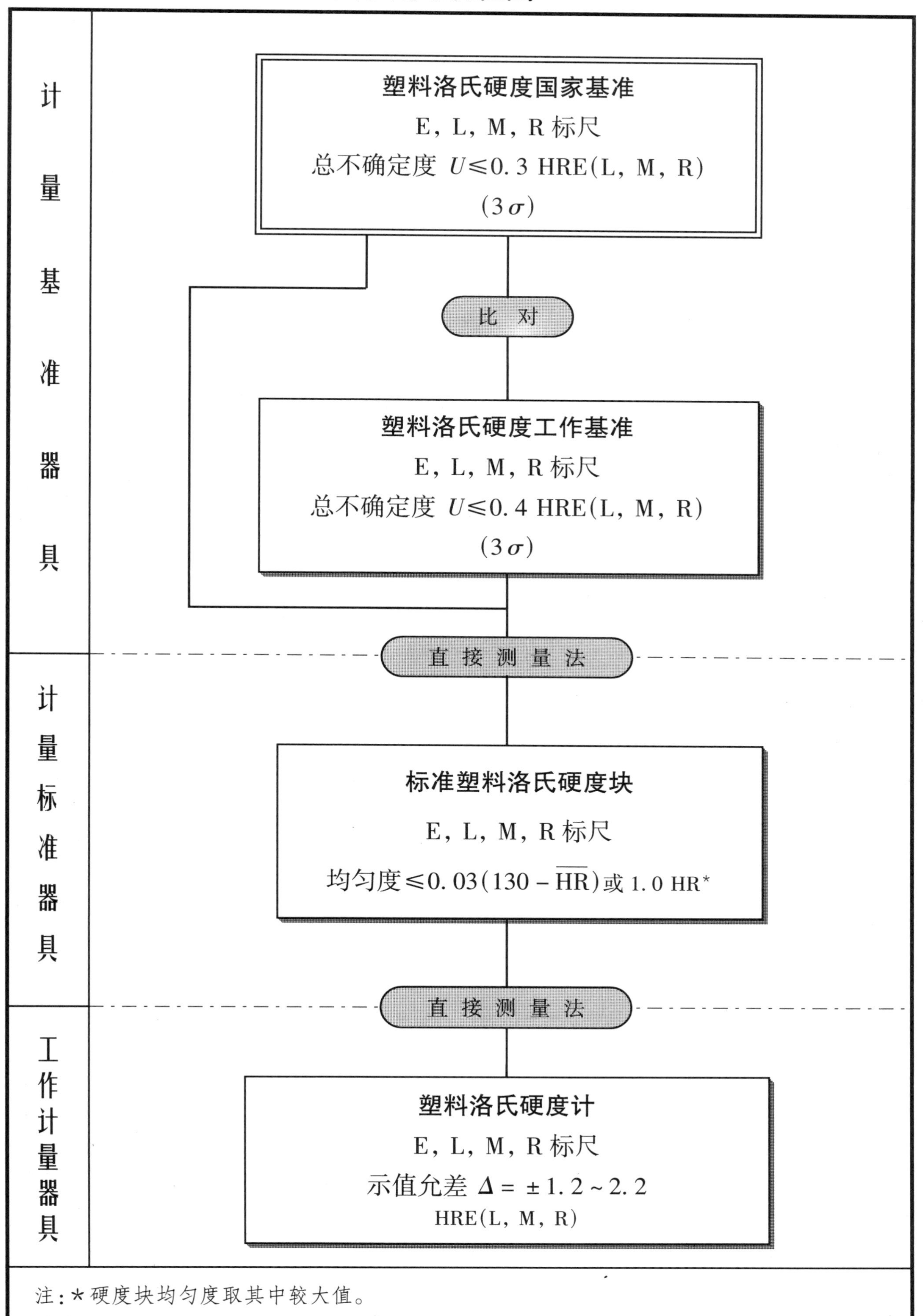

计量基准器具

塑料洛氏硬度国家基准

E，L，M，R标尺

总不确定度 $U \leqslant 0.3$ HRE(L, M, R)

(3σ)

比 对

塑料洛氏硬度工作基准

E，L，M，R标尺

总不确定度 $U \leqslant 0.4$ HRE(L, M, R)

(3σ)

直 接 测 量 法

计量标准器具

标准塑料洛氏硬度块

E，L，M，R标尺

均匀度 $\leqslant 0.03(130 - \overline{HR})$ 或 1.0 HR*

直 接 测 量 法

工作计量器具

塑料洛氏硬度计

E，L，M，R标尺

示值允差 $\Delta = \pm 1.2 \sim 2.2$

HRE(L, M, R)

注：＊硬度块均匀度取其中较大值。

常温黑体辐射计量器具检定系统框图

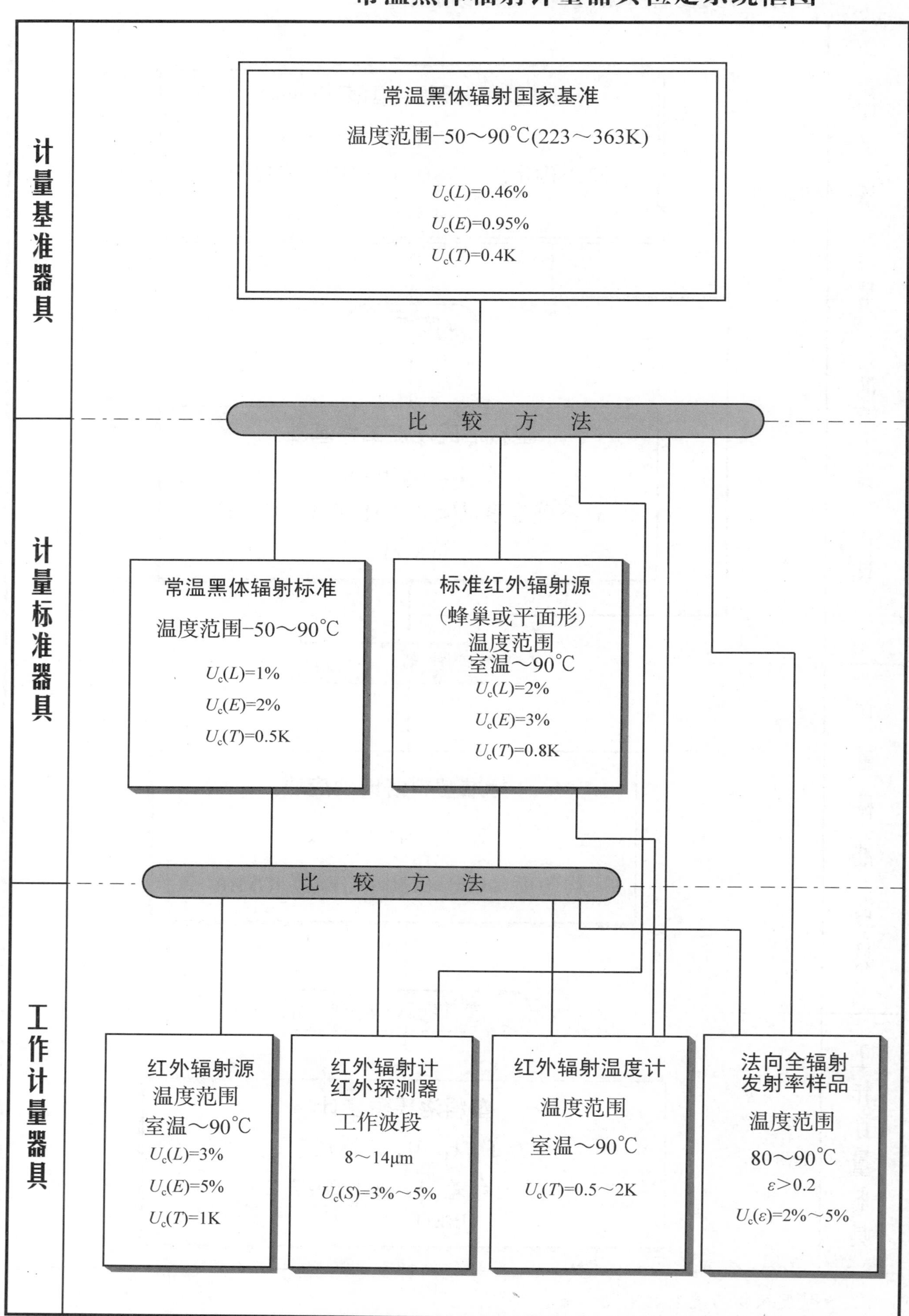

计量基准器具

常温黑体辐射国家基准
温度范围-50～90℃(223～363K)
$U_c(L)=0.46\%$
$U_c(E)=0.95\%$
$U_c(T)=0.4K$

比　较　方　法

计量标准器具

常温黑体辐射标准
温度范围-50～90℃
$U_c(L)=1\%$
$U_c(E)=2\%$
$U_c(T)=0.5K$

标准红外辐射源
(蜂巢或平面形)
温度范围
室温～90℃
$U_c(L)=2\%$
$U_c(E)=3\%$
$U_c(T)=0.8K$

比　较　方　法

工作计量器具

红外辐射源
温度范围
室温～90℃
$U_c(L)=3\%$
$U_c(E)=5\%$
$U_c(T)=1K$

红外辐射计
红外探测器
工作波段
8～14μm
$U_c(S)=3\%～5\%$

红外辐射温度计
温度范围
室温～90℃
$U_c(T)=0.5～2K$

法向全辐射
发射率样品
温度范围
80～90℃
$\varepsilon>0.2$
$U_c(\varepsilon)=2\%～5\%$

常温黑体辐射计量器具检定系统框图

注：L为全辐射亮度；S为全辐射照度灵敏度；E为全辐射照度；T为绝对温度；ε为法向全辐射发射率；U_c为合成不确定度。

常温黑体辐射计量器具检定系统框图

注：L为全辐射亮度；S为全辐射照度灵敏度；E为全辐射照度；T为绝对温度；ε为法向全辐射发射率；U_c为合成不确定度。

密度计量器具检定系统表框图

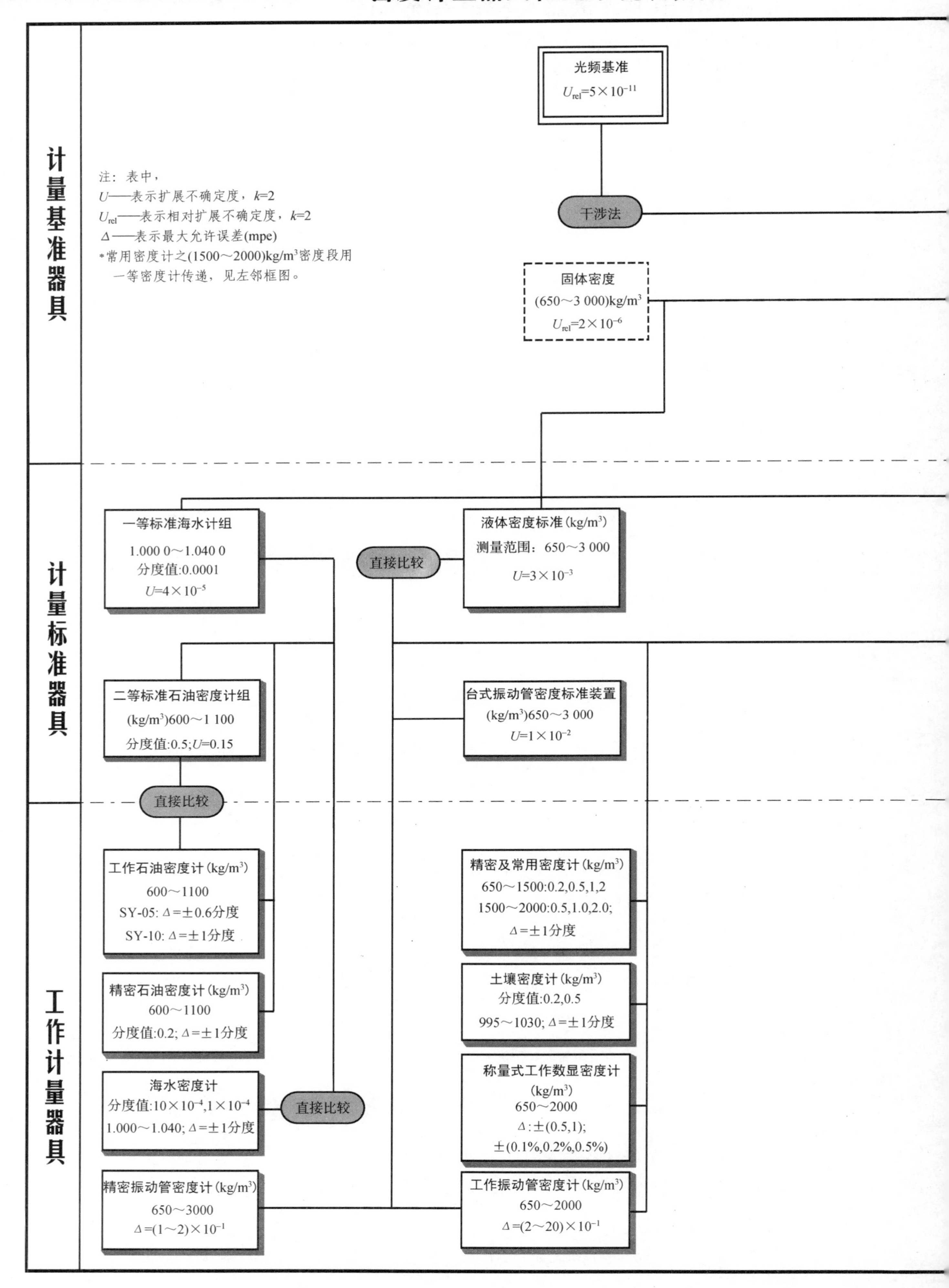

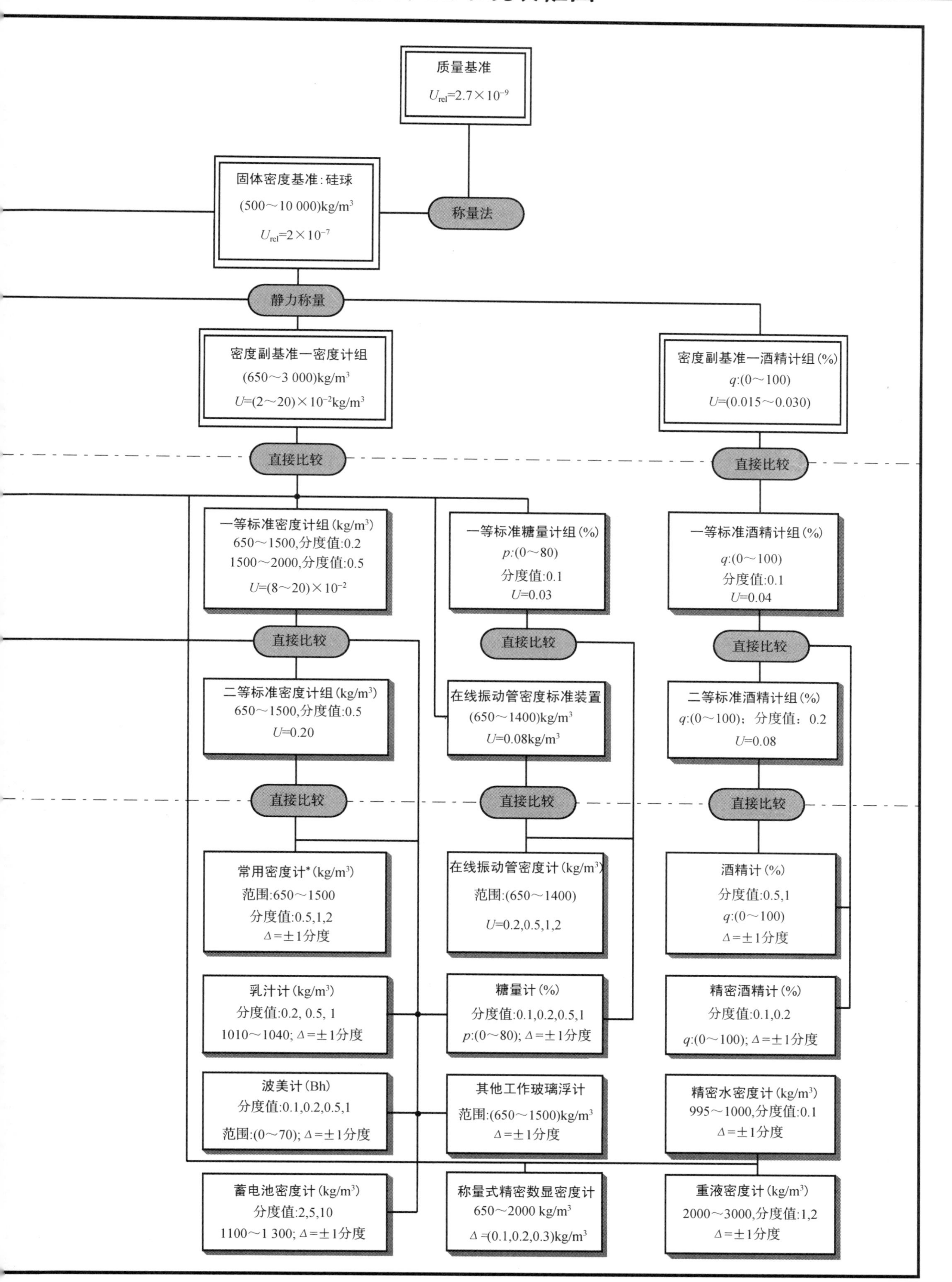

(10～60)kV X射线空气比释动能
计量器具检定系统表框图

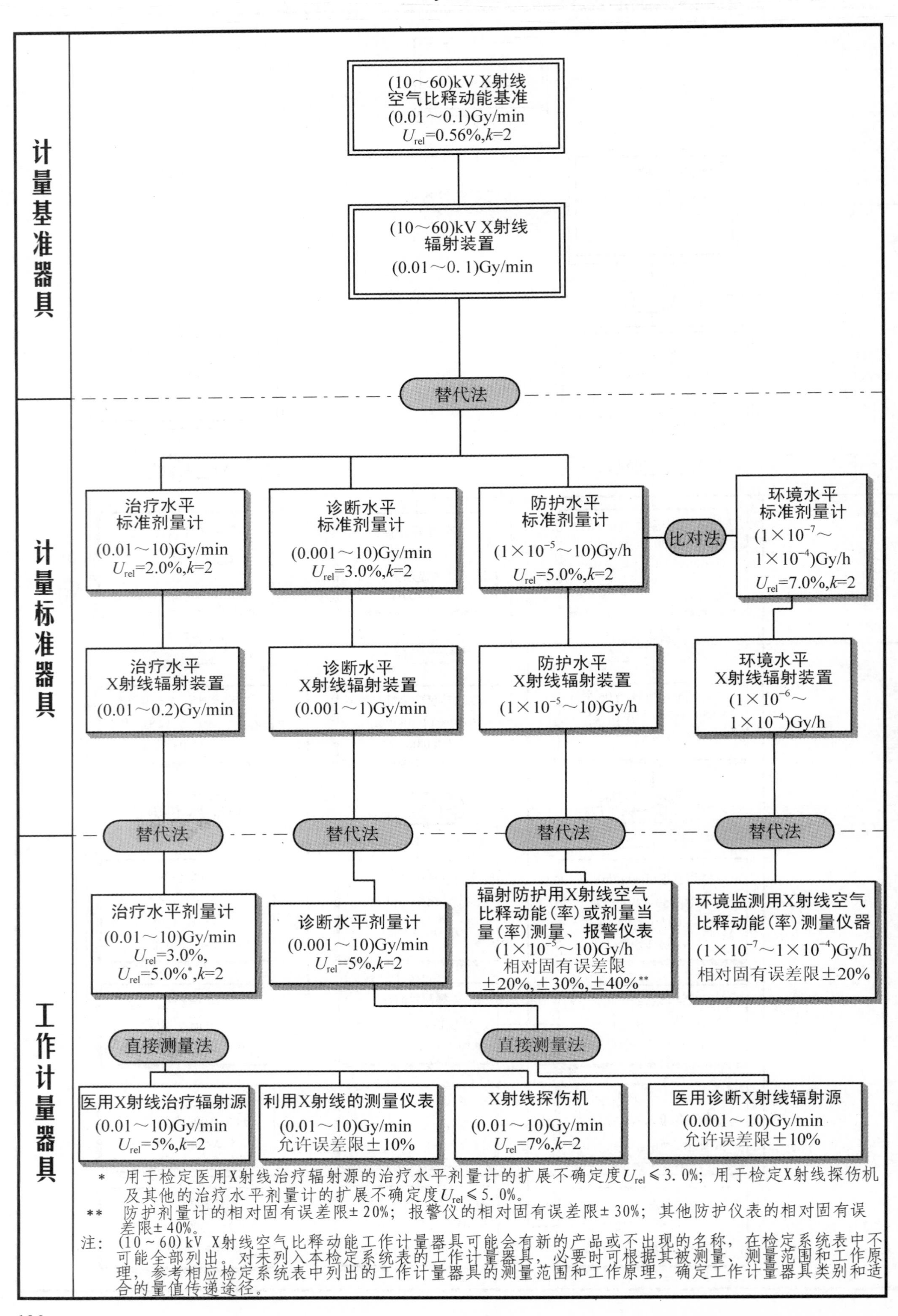

计量基准器具	(10～60)kV X射线 空气比释动能基准 (0.01～0.1)Gy/min U_{rel}=0.56%, k=2

(10～60)kV X射线
辐射装置
(0.01～0.1)Gy/min

替代法

计量标准器具

| 治疗水平
标准剂量计
(0.01～10)Gy/min
U_{rel}=2.0%, k=2 | 诊断水平
标准剂量计
(0.001～10)Gy/min
U_{rel}=3.0%, k=2 | 防护水平
标准剂量计
(1×10⁻⁵～10)Gy/h
U_{rel}=5.0%, k=2 | 比对法 | 环境水平
标准剂量计
(1×10⁻⁷～
1×10⁻⁴)Gy/h
U_{rel}=7.0%, k=2 |

治疗水平
X射线辐射装置
(0.01～0.2)Gy/min

诊断水平
X射线辐射装置
(0.001～1)Gy/min

防护水平
X射线辐射装置
(1×10⁻⁵～10)Gy/h

环境水平
X射线辐射装置
(1×10⁻⁶～
1×10⁻⁴)Gy/h

替代法　　替代法　　替代法　　替代法

工作计量器具

治疗水平剂量计
(0.01～10)Gy/min
U_{rel}=3.0%,
U_{rel}=5.0%*, k=2

诊断水平剂量计
(0.001～10)Gy/min
U_{rel}=5%, k=2

辐射防护用X射线空气
比释动能(率)或剂量当
量(率)测量、报警仪表
(1×10⁻⁵～10)Gy/h
相对固有误差限
±20%, ±30%, ±40%**

环境监测用X射线空气
比释动能(率)测量仪器
(1×10⁻⁷～1×10⁻⁴)Gy/h
相对固有误差限±20%

直接测量法　　　　　直接测量法

医用X射线治疗辐射源
(0.01～10)Gy/min
U_{rel}=5%, k=2

利用X射线的测量仪表
(0.01～10)Gy/min
允许误差限±10%

X射线探伤机
(0.01～10)Gy/min
U_{rel}=7%, k=2

医用诊断X射线辐射源
(0.001～10)Gy/min
允许误差限±10%

* 用于检定医用X射线治疗辐射源的治疗水平剂量计的扩展不确定度U_{rel}≤3.0%；用于检定X射线探伤机及其他的治疗水平剂量计的扩展不确定度U_{rel}≤5.0%。

** 防护剂量计的相对固有误差限±20%；报警仪的相对固有误差限±30%；其他防护仪表的相对固有误差限±40%。

注：(10～60)kV X射线空气比释动能工作计量器具可能会有新的产品或不出现的名称，在检定系统表中不可能全部列出。对未列入本检定系统表的工作计量器具，必要时可根据其被测量、测量范围和工作原理，参考相应检定系统表中列出的工作计量器具的测量范围和工作原理，确定工作计量器具类别和适合的量值传递途径。

基于同位素稀释质谱法的元素含量计量检定系统表框图

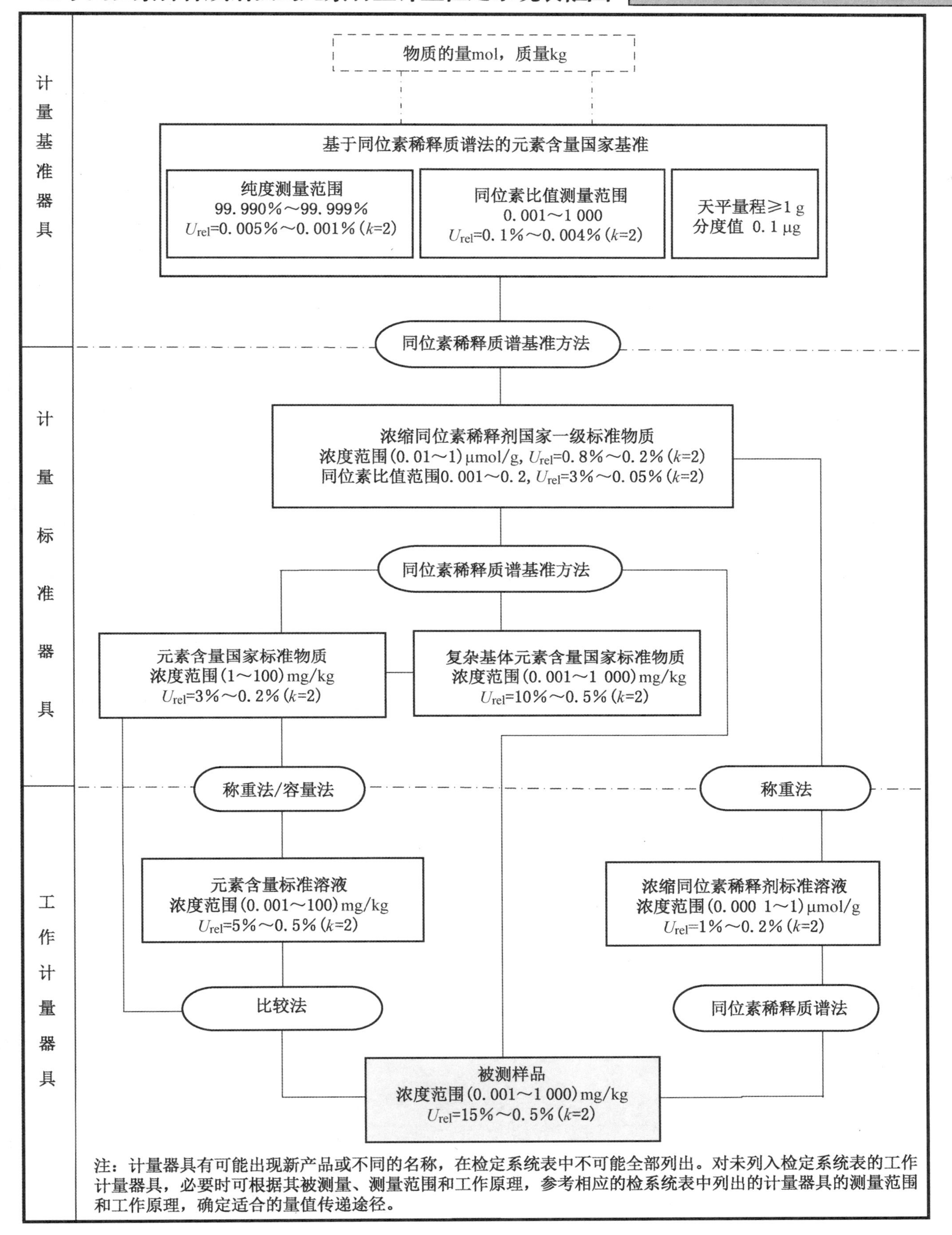

注：计量器具有可能出现新产品或不同的名称，在检定系统表中不可能全部列出。对未列入检定系统表的工作计量器具，必要时可根据其被测量、测量范围和工作原理，参考相应的检系统表中列出的计量器具的测量范围和工作原理，确定适合的量值传递途径。